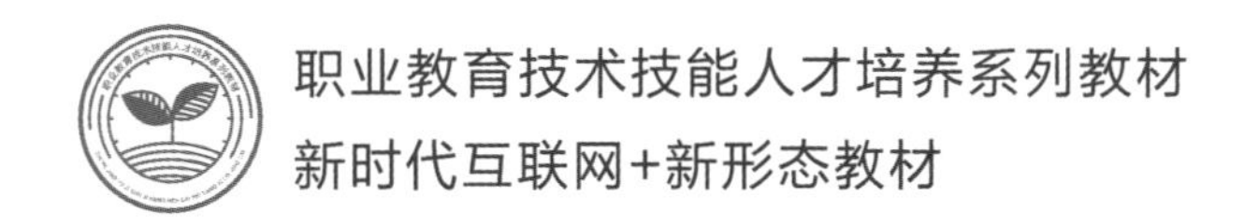

风力发电机组
运行维护技术

主　编 ◎ 张忠东　朱德春　秀　艳
副主编 ◎ 包晓英　丁莹莹　包呼斯勒

華中科技大學出版社
http://press.hust.edu.cn
中国 · 武汉

图书在版编目(CIP)数据

风力发电机组运行维护技术 / 张忠东，朱德春，秀艳主编. —武汉：华中科技大学出版社，2023.6
ISBN 978-7-5680-9652-2

Ⅰ. ①风… Ⅱ. ①张… ②朱… ③秀… Ⅲ. ①风力发电机-发电机组-运行-高等职业教育-教材 ②风力发电机-发电机组-维修-高等职业教育-教材 Ⅳ. ①TM315

中国国家版本馆 CIP 数据核字(2023)第 111610 号

风力发电机组运行维护技术 张忠东 朱德春 秀 艳 主编
Fengli Fadian Jizu Yunxing Weihu Jishu

策划编辑：汪 粲
责任编辑：余 涛
封面设计：廖亚萍
责任监印：周治超
出版发行：华中科技大学出版社(中国·武汉) 电话：(027)81321913
武汉市东湖新技术开发区华工科技园 邮编：430223
录 排：华中科技大学惠友文印中心
印 刷：武汉市籍缘印刷厂
开 本：787mm×1092mm 1/16
印 张：9
字 数：219 千字
版 次：2023 年 6 月第 1 版第 1 次印刷
定 价：49.80 元

前言

随着风力发电的大规模、高比例、高质量发展，新能源将进入一个跃升发展阶段。按照《“十四五”可再生能源发展规划》，到 2025 年，可再生能源消费总量达到 10 亿吨标准煤左右，在一次能源消费增量中占比超过 50%；可再生能源年发电量达到 3.3 万亿千瓦时，发电增量在全社会用电增量中占比超过 50%，风电和太阳能发电量实现翻倍。根据这一目标粗略折算，在“十四五”期间，风电和光伏需要新增装机 5 亿千瓦以上，其中风电年均新增装机将不低于 5000 万千瓦。风力发电机组的控制技术是风电系统产品研发和设计的关键和核心。随着风电技术的不断发展，风力发电机组控制技术也成为近年来风力发电技术的研究重点之一。

本书基于大型风电机组常用的机型，系统地介绍了风力发电机组主控系统、变流系统、水冷系统、机舱系统、变桨系统。着重介绍了控制系统中各个子系统的控制原理、控制要求、控制策略和方法以及控制过程，对风力发电机组的常用备件做了比较深入的阐述。

本书以风电运维工程师岗位的现场实际工作内容为基础，以真实风机各个系统为素材，真实地引导现场工作人员解决风电机组的实际问题，保障机组的稳定运行。

本书共 6 章，可使读者不仅在理论上了解风力发电机组的控制技术，还能够对实际运行出现的故障具有较强的解决能力，适用于高职高专学生。本书内容浅显易懂，能够从行业现状和企业实际需求的角度出发，对学生提出要求，并指导学生实操训练。本书适用于企业新员工入职培训，同时也适合作为风电场和风电企业管理人员、技术人员和广大风电爱好者的自学读物。

本书由张忠东统稿审核并编写变桨故障处理与备件识别部分，朱德春编写主控与机舱系统及其他系统的修订，秀艳负责全书电路图及模块原理图的编审与核对工作，包晓英编写安全链系统，丁莹莹编写变流系统与水冷系统，包呼斯勒编写风力发电机组运行维护常用工具部分。

由于编者水平和经验有限，书中难免存在不足和疏漏之处，恳请广大读者提出宝贵意见，以便进一步修改和完善。

编　者

2024 年 1 月

目录

第一章　塔底主控系统与机舱系统

第一节　塔底主控系统功能

主控系统是确保风机高效、安全运行的关键控制中心，它通过监控、调节、保护和数据分析等功能，实现对风机组的全面控制。

(1) 功率控制系统。机组功率控制方式为变速变桨策略的控制方式，当风速低于额定风速时，机组采用变速控制策略，通过控制发电机的电磁扭矩来控制叶轮转速，使机组始终跟随最佳功率曲线，从而实时捕获最大风能；当风速大于额定风速时，机组采用变速变桨控制策略，使机组维持稳定的功率输出。

(2) 偏航控制系统。采用主动对风控制策略，通过安装在机舱尾部的风向标采集风向角度和偏航位置传感器反馈的机舱角度有偏差后，风机开始自动偏航对风，使机组捕获最大风能。

(3) 液压控制系统。液压系统控制的目标是当液压系统压力低于系统启动压力设置值时，液压泵启动；当系统压力高于停止液压泵压力设置值时，液压泵停止工作。另外，在偏航时给刹车盘施加一定的阻尼压力，当偏航停止时，偏航闸抱紧刹车盘，来保持叶轮一直处于对风位置。

(4) 电网监测系统。实时监控电网参数，确保机组在正常电网状况下运行。

(5) 计量系统。实时检测机组的发电量，为经营提供依据。

(6) 机组正常保护系统。实时监控整机的状态，如风速、温度、后备电源状态等数据。

(7) 低压配电系统。为机组用电设备输送电源。

(8) 故障诊断和记录功能。正确输出机组的当前故障，并记录故障前后的数据。

(9) 人机界面。提供信息服务功能。

(10) 通信功能。系统集成水冷系统、变桨系统、变流系统，从而实现协同控制。同时，把机组信息实时上传到中央集控中心。

一、塔底主控系统

塔底控制柜主要由可编程控制器(PLC)及其扩展模块组成,分别组成主站和低压配电(LVD)站,其结构紧凑,主要完成数据采集、输入/输出信号处理、逻辑功能判定等功能;向变流控制柜的执行机构发出控制指令并接收变流控制柜送出的实时状态数据;与机舱柜及变桨控制系统通信,接收机舱柜及变桨控制系统的信号;与中央监控系统实时传递信息;根据信号的采集、处理和逻辑判断保障整套机组的可靠运行。主控制柜能够满足无人值守、独立运行、监测及控制的要求,运行数据与统计数值可通过就地控制系统或远程的中央监控计算机记录和查询,是风力发电机组电气控制系统的核心。它可以通过就地操作面板显示风力发电机组信息,通过操作面板的按键实现对风力发电机组的操作,并且可以由中央监控计算机远程对风力发电机组实施基本操作(启机、停机、复位、左右偏航)。控制器存储采集到的数据,通过通信设备连续地把数据传递给中央监控计算机,以便于中央监控计算机做其他数据分析。

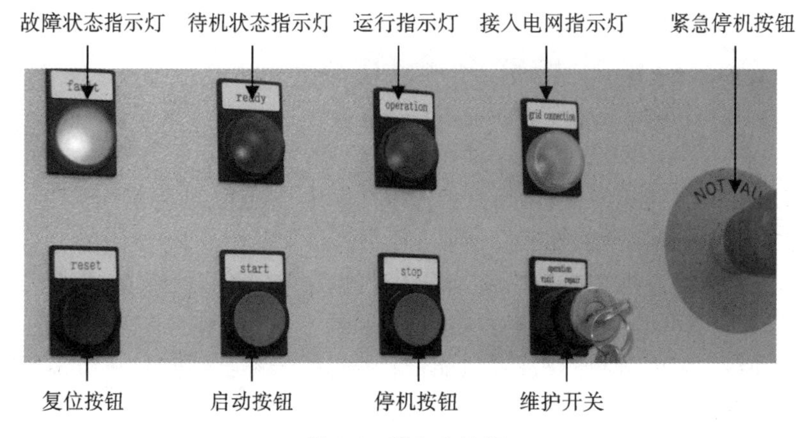

图 1-1　塔底主控柜

按钮功能介绍如下。

紧急停机按钮(emergency stop):出现特殊情况时,按下紧急停机按钮;此按钮按下后安全链断开,机组在运行状态下将执行紧急停机。

复位按钮(reset):按下该按钮后,系统的安全链恢复,清除故障反馈信号。与机舱控制柜的复位按钮功能相同。

停机按钮(stop):手动停机。按下后系统执行正常停机过程。与机舱控制柜的停机按钮功能相同。

启动按钮(start):手动启动风力发电机组。按下后系统执行风机启动过程。

二、机舱控制系统

机舱控制系统主要由低压配电单元、电机转速检测单元、风速和风向检测单元,以及 Topbox I/O 子站、外围辅助控制回路组成。Topbox I/O 子站通过 PROFIBUS-DP 总线和

塔底控制主站连接，其主要功能是采集和处理信号，它采集的信号如下：液压站油位、润滑加脂、偏航计数、机舱左偏航、机舱右偏航、机舱维护、机舱启动、机舱停止、振动开关、环境温度、机舱温度、发电机绕组温度、风向、风速、发电机转速、叶轮转速、叶轮锁定、机舱加速度、发电机接触器。采集到的信号通过DP总线送往主控柜，由控制器对这些信号做统一处理。

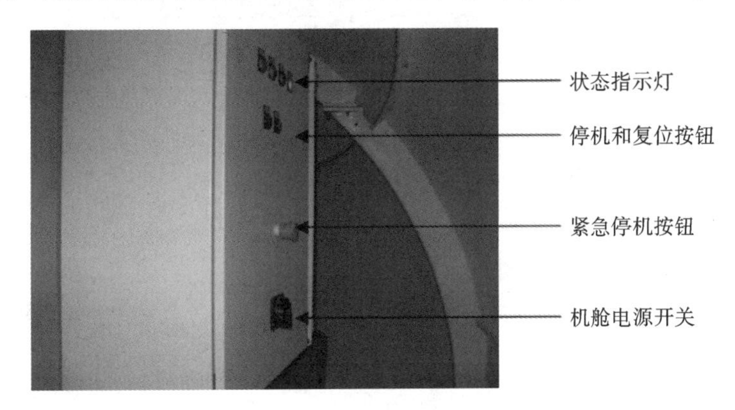

图 1-2　机舱控制柜

机舱控制柜上的按钮功能介绍如下。

紧急停机按钮（emergency stop）：出现特殊情况时，按下紧急停机按钮；此按钮按下后安全链断开，机组在运行状态下将执行紧急停机。

复位按钮（reset）：按下该按钮后，系统的安全链恢复，清除故障反馈信号。与塔底控制柜的复位按钮功能相同。

停机按钮（stop）：手动停机。按下后系统执行正常停机过程。与塔底控制柜的停机按钮功能相同。

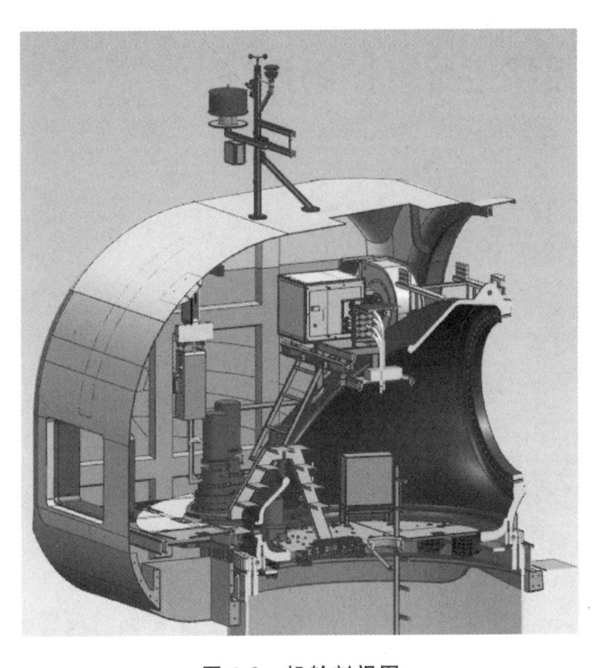

图 1-3　机舱剖视图

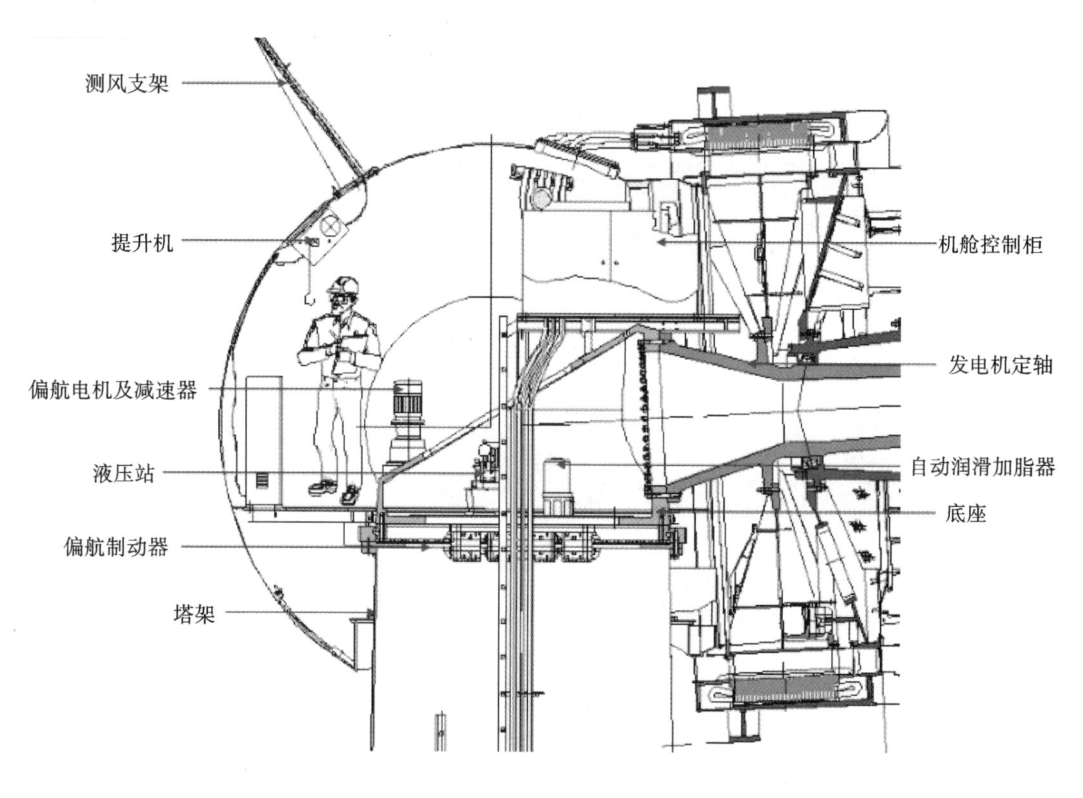

图 1-4　机舱图解

第二节　机舱系统维护检查

一、偏航系统维护检查

1. 偏航电机动力测试

电源电压在相间及单相对地情况下均保持平衡，偏差小于 5%；通过控制手柄操作来控制左偏航，检查手柄信号与主控面板输出信号及机组实际转向是否一致，同时以面板程序为准，若控制方向与偏航方向相反，则需要对偏航电机的相序进行处理，更换三相中任意两相的接线即可。

2. 测偏航反馈及偏航速度

至少维持 120 s 向一个方向持续偏航，查看偏航速度和偏航反馈是否正确，并在整个偏航过程中始终存在，且机组不应该报偏航速度故障。

二、液压站维护检查

1. 液压站动力电源的检查

电源电压在相间及单相对地情况下均保持平衡，偏差小于5%。

2. 整定液压站的系统压力

首先，将截流手阀7.1、12.6旋紧拧死，将截流手阀11.2、6.1旋松打开(5个六方扳手)。其次，给整个液压系统上电，用小活动扳手将压力继电器调节螺栓上的锁紧螺母卸松，用小活动扳手拧动调节螺栓，并向里旋动调节螺栓，随着螺栓的拧动，液压泵开始工作，系统压力开始缓慢升高。继续拧动调节螺栓，直到压力达到155～160 bar(1 bar＝0.1 MPa)为止，同时液压泵停止工作，系统压力调整完毕。下限压力无需调整。

图1-5　液压站

3. 偏航电磁阀的检查

偏航动作时，偏航电磁阀动作并且正常泄压，将压力降为24 bar的偏航压力，停止偏航时，能停止泄压，同时液压站进行补压(将偏航余压表和油管连接到偏航制动器的放气阀处，偏航时观察余压是否符合要求，不符合要求时调整偏航余压溢流阀)。

4. 液压站低速闸刹车电磁阀的检查

按下维护手柄上的叶轮锁定按钮，同时观察叶轮锁定电磁上的指示发光二极管是否点亮，并注意系统压力是否下降，液压泵是否启动，是否在电磁阀处有“呲呲”的流油声。

5. 偏航泄压电磁阀的检查

在主控的控制面板上强制偏航泄压阀动作，观察到该电磁阀动作后，液压站应该立刻进行建压，但压力值不会超过50 bar。

三、自动加脂器维护检查

1. 自动加脂器动力电源的检查

通过主控柜上的控制面板强制动作，观察旋转方向与标示方向是否一致。

2. 进行偏航轴承的润滑操作

通过主控柜上的控制面板强制动作，同时通过维护手柄进行偏航，并偏航一圈，对偏航轴承进行润滑。同时检查润滑管路是否存在泄漏问题，如果发现问题要进行及时处理。

四、传感器的维护检查

1. 叶轮转速接近开关的调整及齿形盘的检查

将接近开关调整到距齿面 3～5 mm，并检查齿形盘的齿是否平整，若不平整，则进行处理。使用端子起，通过接近开关检测区，使接近开关闪烁，观察电机转速数据，把 5、6、9 三个端子用导线连接在一起，过速模块整定为 21 转，并比较两个转速是否相等。拆除过速通道的线，观察风机是否报故障。

2. 振动开关的检查

通过面板观察振动开关，正常情况下为高电平，反之为低电平。

3. 扭缆开关反馈信号的检查

通过面板检查扭缆开关信号，正常时应该为高电平，反之为低电平。

4. Topbox 紧急停机的检查

通过面板检查，正常情况下紧急停机信号为高电平，反之为低电平。

5. 叶轮锁定反馈 1 信号和叶轮锁定反馈 2 信号测试

通过面板检查叶轮锁定信号，当接近开关接近铁时应该亮，同时面板应该亮绿灯，当远离铁时，接近开关应该不亮，同时面板应该亮黄灯，并将接近开关调整到距齿面 3～5 mm。

6. 机舱位置传感器的检测

电阻阻值应该在平衡位置，总电阻为 10 kΩ，中间点在 5 kΩ；并且此时面板接收到机舱位置应该在±50 以内；同时右偏航时，机舱位置数据应该越来越向负值变化（在首次偏航之前完成）。

第三节　主控系统元器件介绍

一、机舱维护控制手柄

当风机处于维护状态时，可以通过机舱维护手柄上的 Yaw 旋钮控制风机向左或向右偏航；可以通过维护手柄上的 Pitch 旋钮控制风机的三个叶片同时向 0°或 90°变桨；可以通过维护手柄上的 Service brake 按钮控制发电机锁定液压闸的动作，进行发电机的锁定工作；维护手柄上的红色 Stop、绿色 Start 按钮可以控制风机的正常停机和启动。当机组处于维护状态，需要对 3 个变桨进行测试时，可以使用维护手柄进行操作。

二、倍福模块

1. CX1500-M310

CX1500-M310 PROFIBUS 是总线主站模块，可以连接外部电脑进行读取。

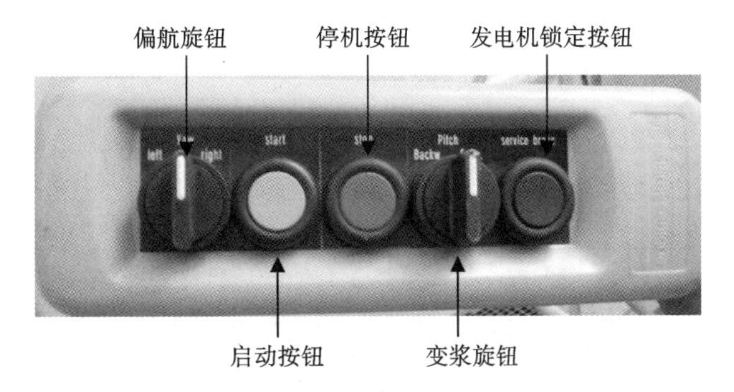

图 1-6　机舱维护手柄

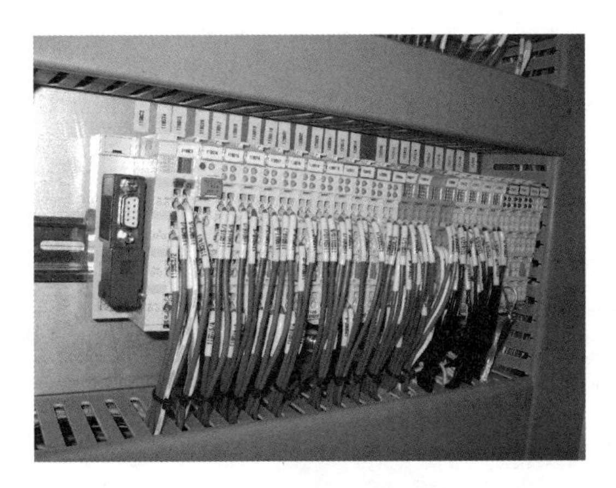

图 1-7　机舱倍福模块组

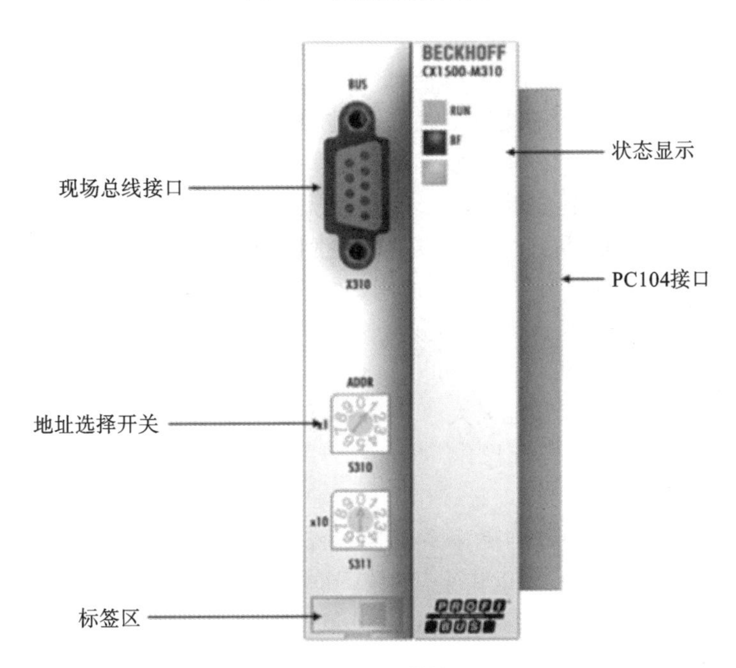

图 1-8　倍福模块 1

表 1-1　CX1500-M310 PROFIBUS 现场总线主站接口

技术数据	CX1500-M310
现场总站	PROFIBUS-DP,DP-V1,DP-V2(MC)
传输速率	9.6 kBaud～12 MBaud
总线连接	1×D-sub,9 针
总线节点	最多 125 个从站,每个从站可处理 244 个字节的输入、输出、参数、配置、诊断数据
CPU 接口	ISA 即插即用,2 kB DPRAM
最大功耗	1.8 W
特点	PROFIBUS 每个从站的 DP 循环时间均可不同,每个总线用户的错误管理可自由组态
尺寸($W\times H\times D$)	38 mm×100 mm×91 mm
质量	190 g
工作温度	0 ℃～+55 ℃
储藏温度	−25 ℃～+85 ℃
相对湿度	95%,无冷凝
抗振动/抗冲击性能	符合标准 IEC 68-2-6/IEC 68-2-29
抗电磁及瞬时脉冲干扰/静电放电	符合标准 EN 50082(静电放电,脉冲)/EN 50081
防护等级	IP 20

2. CX1020 CPU

CX1020 基本 CPU 模块通过一个功能更为强大的 1 GHz Intel M CPU 对现有 CX1000 系列产品进行了扩展。虽然具有更高的性能,该控制器却无需风扇或者其他旋转部件。除了 CPU 和芯片组之外,CX1020 模块还包含各种尺寸的主存储器,标配为 256 MB 的 DDR-RAM,它可以扩展为 512 MB 或者 1 GB。控制器从 CF 卡启动。

CX1020 的标准配置包括一个 64 MB 的 CF 卡以及两个以太网 RJ-45 接口。这两个接口与一个内部交换机相连,用户可以在不使用额外以太网交换机的情况下创建线型拓扑结构。所有其他 CX 系列产品组件都可以通过设备两侧的 PC104 接口进行连接。产品还提供了无源冷却模块。操作系统可以是 Windows CE 或嵌入版 Windows XP。TwinCAT 自动化软件把 CX1020 系统转化为功能强大的 PLC 和运动控制系统,可以在带有可视化功能或者不带可视化功能的情况下进行操作。与 CX1000 不同,CX1020 也可以通过 TwinCAT NCI 完成带插补的轴运动。

可以在基本 CPU 模块中添加更多系统接口或者现场总线接口。CPU 模块需要一个 CX1100 型电源模块。CX1020 可以和所有 CX1500 系列现场总线模块以及 CX1000 系列的所有 CX1100 电源模块配套使用。CX1100-0004 电源模块在 CX1020 和 EtherCAT 端子之间提供了一个直接接口。CX1020、EtherCAT 和 TwinCAT 的组合能够使系统的周期和响应时间小于 1 μs。

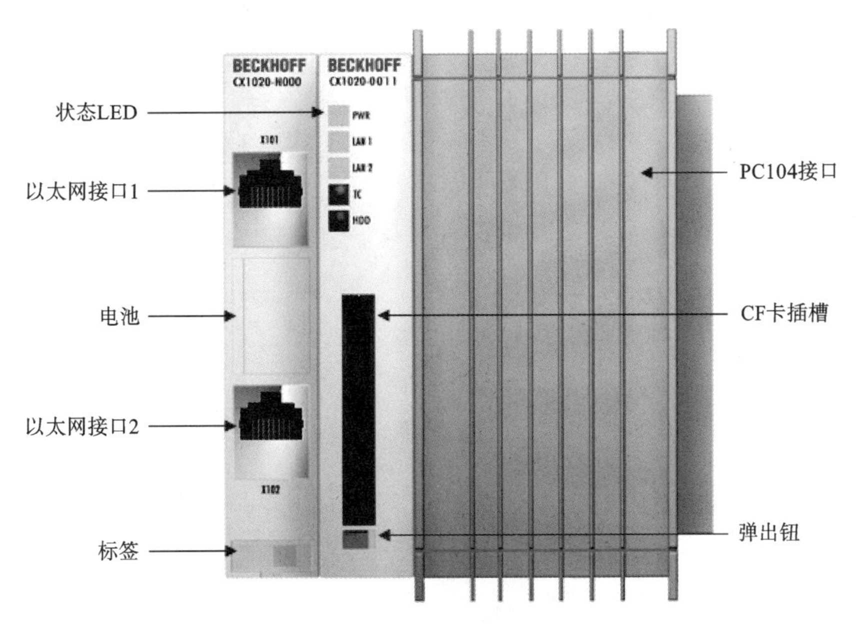

图 1-9　倍福模块 2

3. KL9210

供电端子可插在输入和输出端子之间的任意位置，以构建一个电位组，或给右侧端子供电。供电端子提供的电压最高为交流 230 V。具有诊断功能的端子可向控制器报告电压故障或短路。

4. KL1104

KL1104 是 4 通道数字量输入端子(模块)，DC 24 V 数字量输入端子，从现场设备获得二进制控制信号，并以电隔离的信号形式将数据传输到更高层的自动化单元。KL1104 带有输入滤波。每个总线端子含 4 个通道，每个通道都有一个 LED 指示其信号状态。KL1104 特别适合安装在控制柜内以节省空间。

5. KL2134

KL2134 数字量输出端子将自动化控制层传输过来的二进制控制信号以电隔离的信号形式传到设备层的执行机构。KL2134 有反向电压保护功能。每个总线端子含 4 个通道，每个通道都有一个 LED 指示其信号状态。

6. KL3403

KL3403 是三相电力测量端子，可以测量电网中所有的电气数据。电压测量可以直接连接 L1、L2、L3 和 N 线。电流则需通过电流互感器感应电流来测量。所有被测量的电压和电流数据都是有效值。通过 KL3403 还可以计算每相的有功功率和能量消耗。通过和电压 U、电流 I 和有功功率 P 等有效值的运算关系，还可获得其他相关的数据，如视在功率 S、功率因数等。KL3403 提供了完整的电网分析和能源管理功能，可应用到各种现场总线系统中。

KL3403 使全面电网分析可以通过现场总线来实施。根据电网上的电压、电流、有效功率、视在功率和负载情况，工厂经营者可以优化驱动器或机器的供电并且保护工厂免于事故

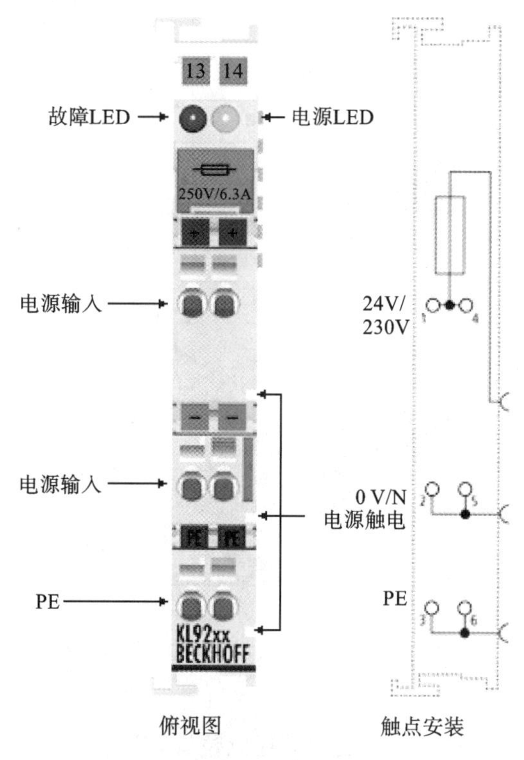

图 1-10　倍福模块 3

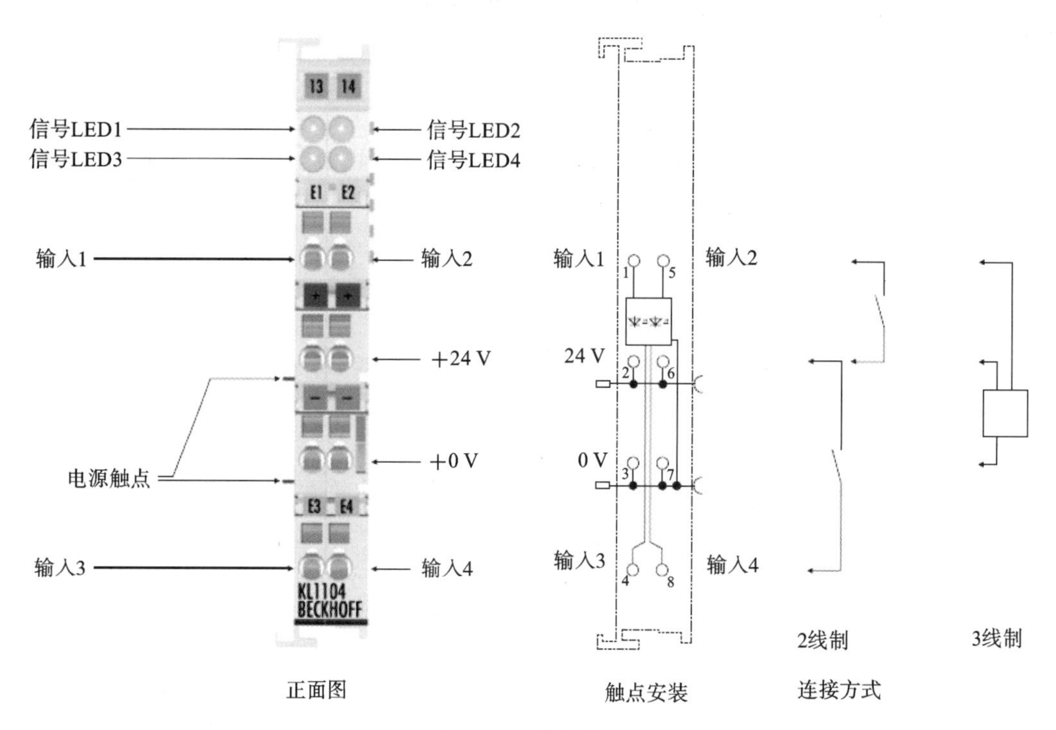

图 1-11　倍福模块 4

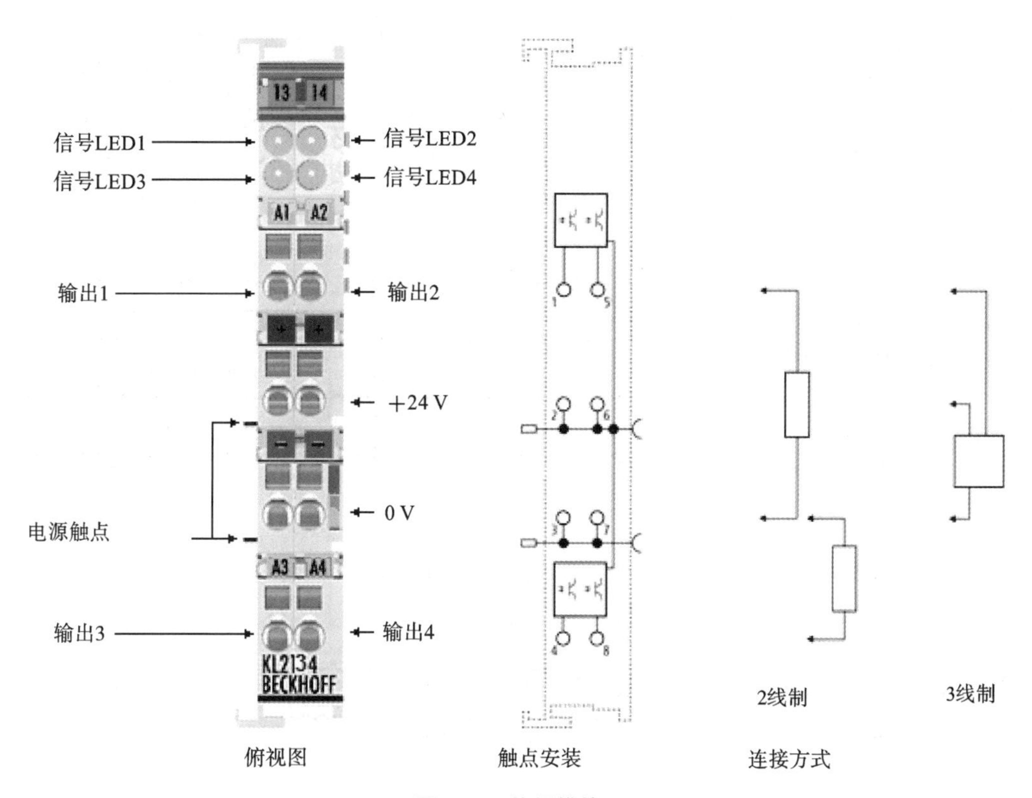

图 1-12　倍福模块 5

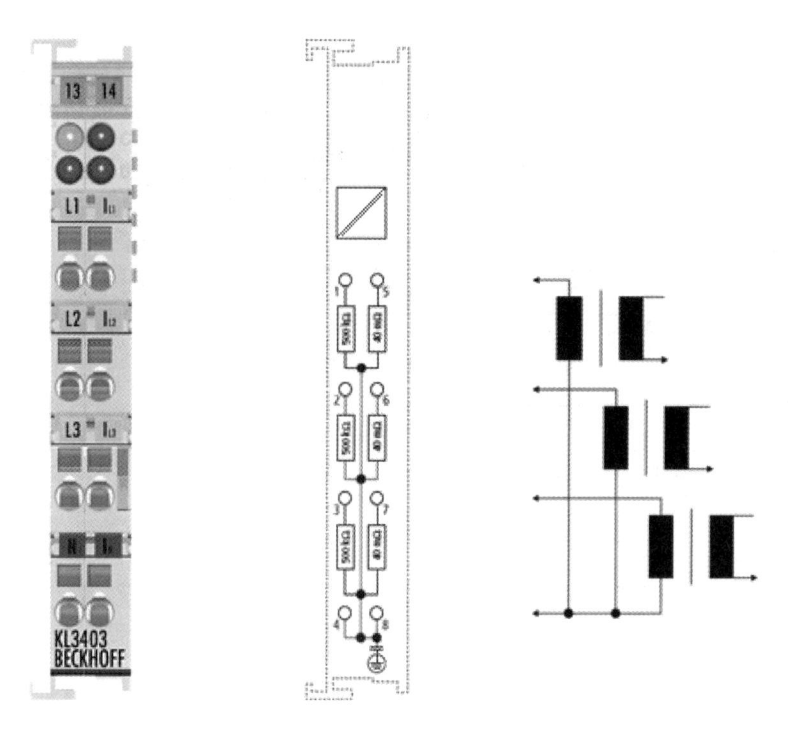

图 1-13　倍福模块 6

和停电。三相电压通过直接连接到端子触点 L1、L2、L3 和 N 来测量，三相电流通过电流互感器被馈送到端子触点 IL1、IL2、IL3 和 IN 来测量。甚至非正弦波电压和电流曲线也能在实际精度的 1%～5%被读入，这取决于曲线的类型。预处理在过程映像中直接提供均方根值，在控制器上无需高计算能力。从均方根值导出电压（*U*）和电流（*I*），KL3403 能够提供有效功率（*P*）、功耗（*W*）、视在功率（*S*）、功率因数。

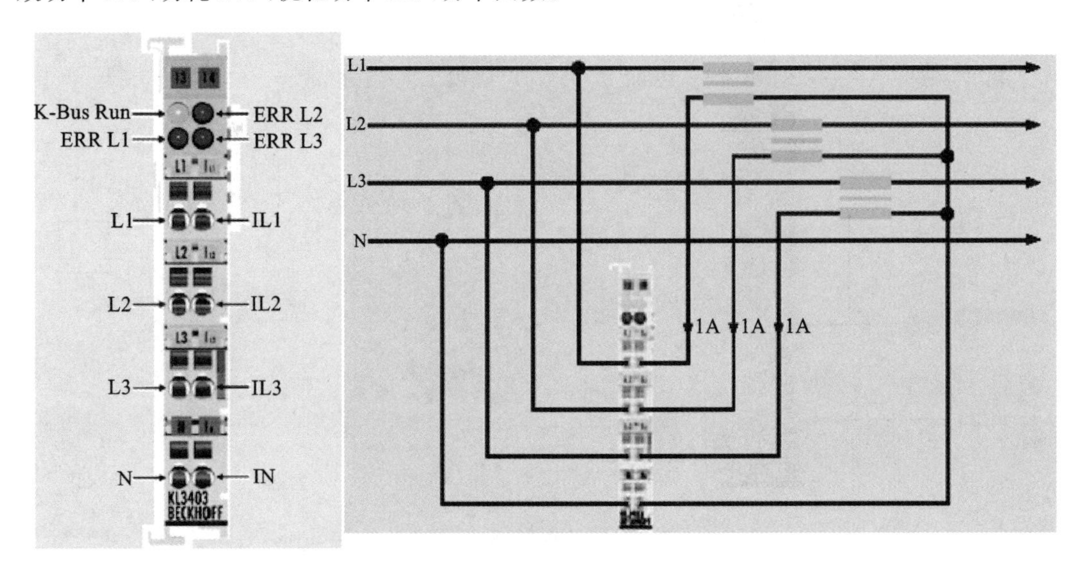

图 1-14　倍福模块 7

7. KL9010

KL9010 总线末端端子可用于总线耦合器和总线端子之间的数据交换。每一个站都可在右侧使用 KL9010 作为总线末端端子。总线末端端子不具有任何其他功能或连接能力。

表 1-2　技术参数

技术参数	KL9010
K-Bus 电流消耗	—
电气隔离	500 Vrms(K-Bus/信号电位)
过程映像中的位宽	—
配置	无地址或通过配置设定
质量	50 g
工作/储藏温度	0 ℃～55 ℃，－25 ℃～70 ℃
相对湿度	5%～95%，无凝结
抗电磁及瞬时脉冲干扰	符合 EN 61000-6-2/EN 61000-6-4 标准
抗振动/冲击性能	符合 EN 60068-2-6/EN 60068-2-27/EN 60068-2-29 标准
防护等级	IP 20
安装位置	任意

三、风向标、风速仪

风速和风向是风力发电机组需要测量的重要参数。风速的测量需要使用风速计(仪)，风向的测量需要使用风向标。在风电领域常见的风速计为转杯式风速计和超声波测风仪。在风电领域常见的风向计为舵式风向标和超声波测风仪。

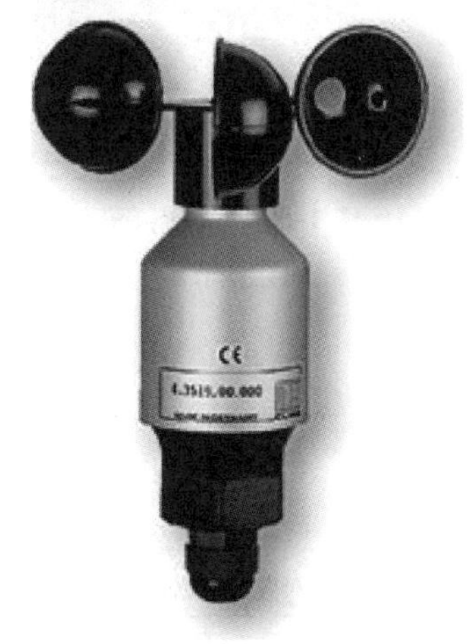

图 1-15　风速仪

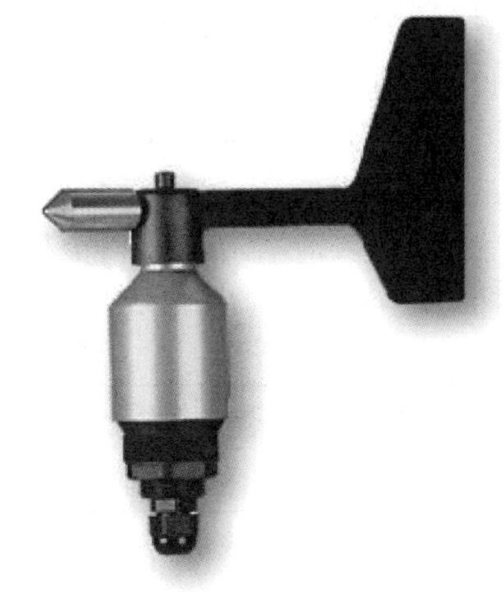

图 1-16　风向标

风向标参数如下。

测量范围：0°～360°；测量精度：小于±2%；

分辨率：5.6°；启动值：小于 0.7 m/s；

供电电压：DC 20～28 V；输出：4～20 mA；

工作温度：－30 ℃～70 ℃(带加热器)。

风速仪参数如下。

测量范围：0.7～50 m/s；测量精度：±2%；

分辨率：小于 0.02 m/s；启动值：小于 0.7 m/s；

供电电压：DC 20～28 V；输出：4～20 mA(对应 0～50 m/s)；

工作温度：－30 ℃～70 ℃(带加热器)。

四、机舱加速度传感器

图 1-17　机舱加速度传感器

这种传感器可以测量 X 和 Y 两个方向上的振动加速度。测量范围为$-0.5g$～$+0.5g$(g 为重力加速度)，相对应输出的信号范围为 0～10 V。

输入电压：DC 24 V；输出：0～10 V。

输出信号与加速的关系如下。

X 方向：$-0.5g=0$ V；$0g=5$ V；$+0.5g=10$ V。

Y 方向：$-0.5g=0$ V；$0g=5$ V；$+0.5g=10$ V。

五、Overspeed 模块

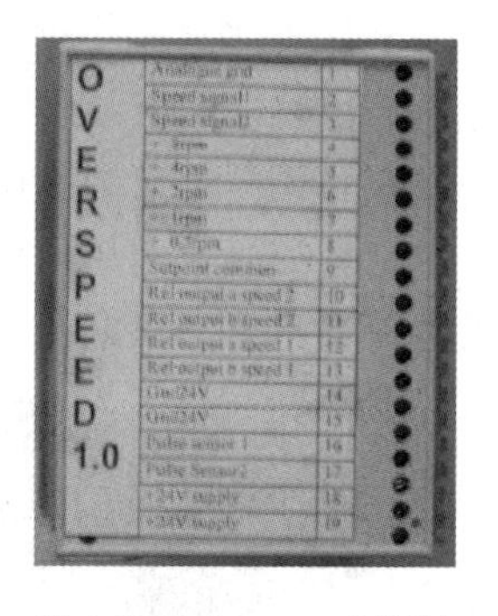

图 1-18　Overspeed 模块

这个设备通过 2 个放置在主轴上的脉冲传感器来计算直驱永磁发电机的转速。当检测到任一输入的脉冲速度达到设置点时，串在安全链中的继电器断开。

设置点可以通过模块的 19 线连接器的线端子来选择。

基本速度为 15 r/m(15 Hz)，如果要设置 24 r/m，则可以连接端子 4、7 和 9。

为检测模块的本征函数，两个相似的输出连接到主控制器，并与 Gspeed 模块的测量结果做比较。

表 1-3　过速模块 19 线连接器

端子号	端子名称	端子描述	电压等级
1	地		24 V
2	速度信号 1	0～10 V=0～35 Hz=0～35 r/min	
3	速度信号 2	0～10 V=0～35 Hz=0～35 r/min	
4	+8 r/min		
5	+4 r/min		
6	+2 r/min		
7	+1 r/min		
8	+0,5 r/min		
9	通用设置点	无连接速度=15 r/min=15 Hz	
10	继电器输出 a 速度 2	断开(当模块故障或过速)	
11	继电器输出 b 速度 2		
12	继电器输出 a 速度 1	断开(当模块故障或过速)	
13	继电器输出 b 速度 1		
14	Gnd 24 V		
15	Gnd 24 V		
16	脉冲传感器 1	60 脉冲/转	
17	脉冲传感器 2	60 脉冲/转	
18	+24 V 电源		
19	+24 V 电源		

六、凸轮计数器

凸轮计数器是用于控制工业机械设备运动部分。通过一个电气接口，它被用作电机的辅助控制器，如继电器或 PLC。选择适当的型号，将凸轮计数器的轴与电机相连，旋转一定的圈数后，凸轮触动触点，从而开始运行预先设定的动作。

旋转比率的范围为 1∶1～1∶969，由输入轴和输出轴之间不同的齿轮组合决定，这些齿轮连接着凸轮计数器的触点。

传送和齿轮驱动轴是用不锈钢制造的，它可以防止氧化和磨损。齿轮和传动轴衬套是用自动润滑的热塑材料制成的。

使用凸轮调节螺栓，可让每个凸轮设置在一个高的精度。辅助触点属于常开辅助触点。

凸轮计数器能够取代电位计在电气控制系统中的作用。

在机舱位置传感器的内部有一个电位器，电位器内的滑线触头随凸轮的位置进行相应的移动，电阻值也随之发生变化。电阻值的变化会引起电压的变化。电压信号被输送到模拟量采集模块中，并由控制器进行计算得到机舱位置。

供电电压：DC 10 V；输出：0～10 V；

电位器阻值：10 kΩ；顺缆时输出电压：5 V。

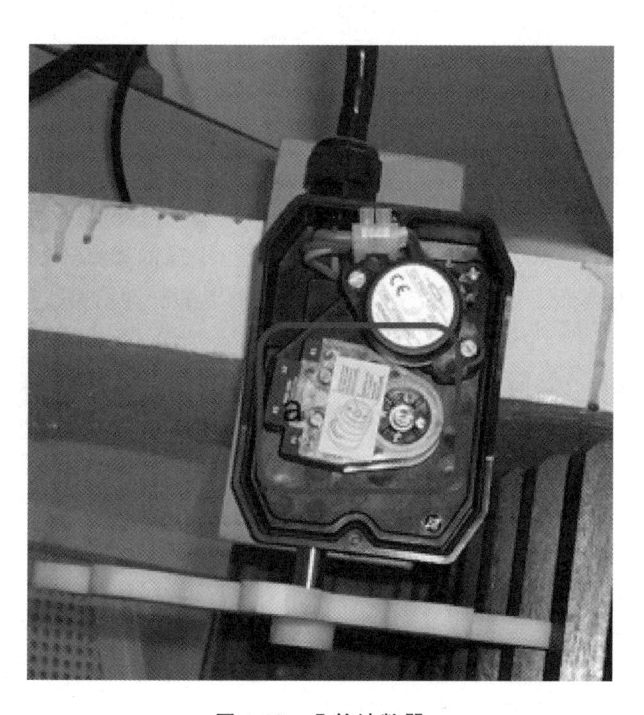

图 1-19　凸轮计数器

七、Gpluse 模块

Gpulse 的基本原理：将电机的三相绕组的电压连接到模块，模块内部将三相电压分别进行比较，即 ab、bc、ca、ba、cb、ac，在电路上使用了迟滞比较器。也就是说，对于三相正弦波，每到两个波头相交的时刻就会发生任意两相电压值因为大小关系变化而产生触发，触发产生的高电平饱和输出在电容上并经微分作用产生一个尖脉冲信号。

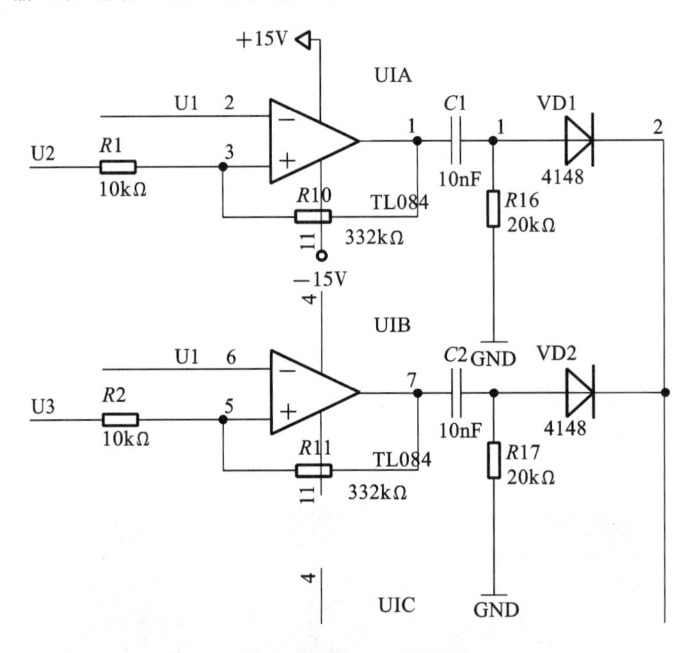

图 1-20　Gpulse 原理图

这种比较器共 6 个，所以脉冲频率为 6 倍电机发出电压的频率，脉冲信号经过两级与非门提高驱动后送到光耦合器，隔离后产生电压等级 24 V 的脉冲信号。

测试电路的设计：

(1) 现在可以设计一套简单的测试 Gpulse 模块的电路，利用信号发生器产生一路频率可调的正弦波，然后再提供一个直流参考电压，电压值设计在换波头处电压——±0.5×正弦波头幅值(三相正弦波时)，然后利用 Gpulse 模块电路中的两路比较器分别输入正弦波和正参考直流电压、正弦波和负参考直流电压，这样在一个周期内就可以产生两次比较，得到等效的触发脉冲(只有三相时频率的三分之一，可以提供 3 倍的正弦波信号频率来模拟)来检测后面的电路是否正常。

(2) 可以利用信号发生器的另外一路发送频率较高、频率可调、幅值较小的矩形波或锯齿波来模拟检测电压信号上叠加的噪声，该信号经过测试电路处理后可以叠加到正弦波上，然后送到 Gpulse 调试，看该模块的抗干扰情况。

检测信号发生电路：

检测电路供电：正弦波叠加噪声。

供电电源：220 V AC/±15 V AC 变压器，经全桥整流，7815、7915 得到±15 V DC 供电

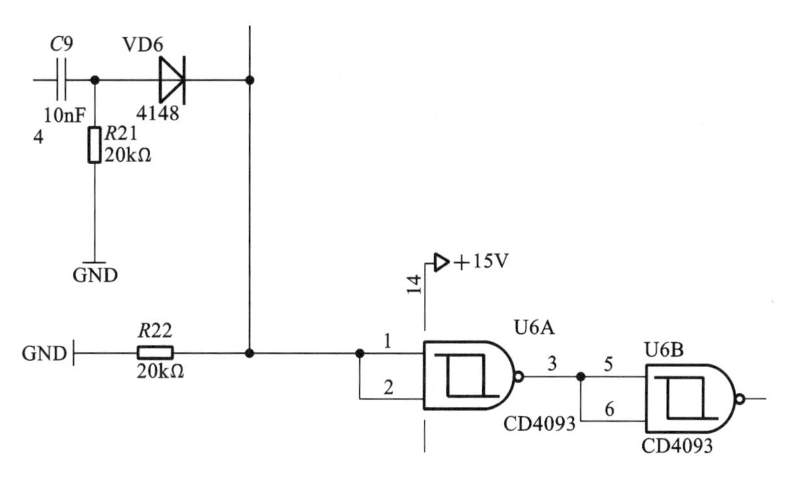

图 1-21　脉冲信号

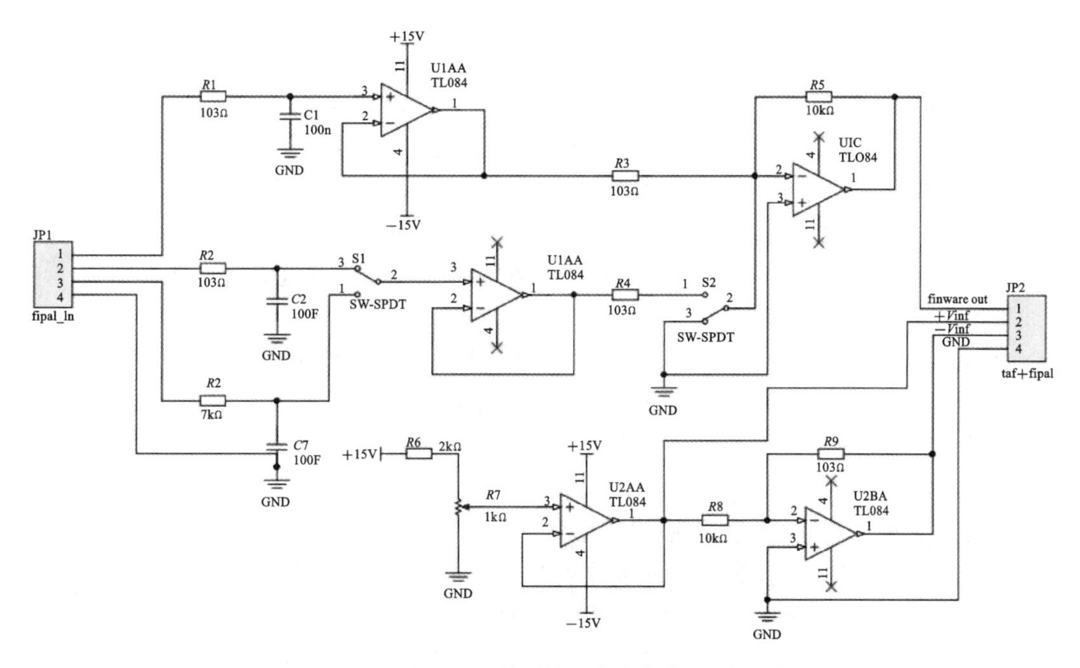

图 1-22　检测信号发生电路

电源或者电路板输入 24 V DC 经 DC/DC 变换器变为±15 V DC 供电电源。

八、现场总线

1. 现场总线定义

现场总线是用于现场电器、现场仪表及现场设备与控制室主机系统之间的一种开放的、全数字化、双向、多站的通信系统。而现场总线标准规定某个控制系统中一定数量的现场设备之间如何交换数据。数据的传输介质可以是电线电缆、光缆、电话线、无线电等。

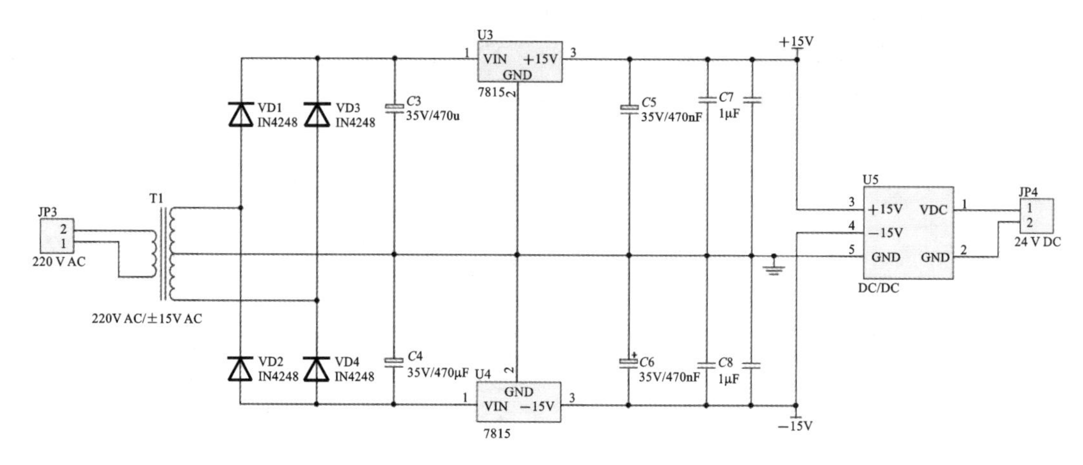

图 1-23 叠加噪声

通俗地讲,现场总线是用在现场的总线技术。传统控制系统的接线方式是一种并联接线方式,从 PLC 控制各个电器元件,对应每一个元件有一个 I/O 口,两者之间需用两根线进行连接,作为控制和/或电源。当 PLC 所控制的电器元件数量达到数十个甚至数百个时,整个系统的接线就显得十分复杂,容易搞错,施工和维护都十分不便。为此,人们考虑怎样把那么多的导线合并到一起,用一根导线来连接所有设备,所有的数据和信号都在这根线上流通,同时设备之间的控制和通信可任意设置。因而这根线自然而然地称为总线,就如计算机内部的总线概念一样。由于控制对象都在工矿现场,不同于计算机通常用于室内,所以这种总线被称为现场的总线,简称现场总线。

现场总线技术实际上是采用串行数据传输和连接方式代替传统的并联信号传输和连接方式的方法,它依次实现了控制层和现场总线设备层之间的数据传输,同时在保证传输实时性的情况下实现信息的可靠性和开放性。一般的现场总线具有以下几个特点:

(1) 布线简单。

这是大多现场总线共有的特性,现场总线的最大革命是布线方式的革命,最小化的布线方式和最大化的网络拓扑使得系统的接线成本和维护成本大大降低。由于采用串行方式,所以大多数现场总线采用双绞线,还有直接在两根信号线上加载电源的总线形式。这样,采用现场总线类型的设备和系统给人明显的感觉就是简单直观。

(2) 开放性。

一个总线必须具有开放性,这指两个方面:一方面能与不同的控制系统相连接,也就是应用的开放性;另一方面就是通信规约的开放,也就是开发的开放性。只有具备了开放性,现场总线才能既具备传统总线的低成本,又能适合先进控制的网络化和系统化要求。

(3) 实时性。

总线的实时性要求是为了适应现场控制和现场采集的特点。一般的现场总线都要求在保证数据可靠性和完整性的条件下具备较高的传输速率和传输效率。总线的传输速度要求越快越好,速度越快,表示系统的响应时间就越短,但是传输速度不能仅靠提高传输速率来解决,传输的效率也很重要。传输效率主要是指有效用户数据在传输帧中的比率以及成功

传输帧在所有传输帧的比率。

（4）可靠性。

一般总线都具备一定的抗干扰能力，同时，当系统发生故障时，具备一定的诊断能力，以最大限度地保护网络，同时能较快地查找和更换故障节点。总线故障诊断能力的大小是由总线所采用的传输的物理媒介和传输的软件协议决定的，所以不同的总线具有不同的诊断能力和处理能力。

2. PROFIBUS-DP 介绍

1）PROFIBUS-DP 的特点

PROFIBUS-DP 用于现场层的高速数据传送。主站周期地读取从站的输入信息并周期地向从站发送输出信息。总线循环时间必须要比主站（PLC）程序循环时间短。除周期性用户数据传输外，PROFIBUS-DP 还提供智能化设备所需的非周期性通信以进行组态、诊断和报警处理。

（1）传输技术：RS-485 双绞线、双线电缆或光缆。波特率从 9.6 kb/s 到 12 Mb/s。

（2）总线存取：各主站间令牌传递，主站与从站间为主—从传送。支持单主或多主系统。总线上最大站点（主—从设备）数为 126。

（3）通信：点对点（用户数据传送）或广播（控制指令）。循环主—从用户数据传送和非循环主—主数据传送。

（4）同步：控制指令允许输入和输出同步。

（5）功能：用户的数据在 DP 主站和 DP 从站间循环，通过总线给 DP 从站赋予地址。通过布线对 DP 主站（DPM1）进行配置，每个 DP 从站的输入和输出数据最大为 246 B。

2）PROFIBUS-DP 的构成

PROFIBUS-DP 允许构成单主站或多主站系统。在同一总线上最多可连接 126 个站点。系统配置的描述包括：站数、站地址、输入/输出地址、输入/输出数据格式、诊断信息格式及所使用的总线参数。每个 PROFIBUS-DP 系统可包括以下三种不同类型设备：

（1）一级 DP 主站（DPM1）：一级 DP 主站是中央控制器，它在预定的周期内与分散的站（如 DP 从站）交换信息。典型的 DPM1 如 PLC 或 PC。

（2）二级 DP 主站（DPM2）：二级 DP 主站是编程器、组态设备或操作面板，在 DP 系统组态操作时使用，完成系统操作和监视目的。

（3）DP 从站：DP 从站是进行输入和输出信息采集和发送的外围设备（I/O 设备、驱动器、HMI、阀门等）。

（4）单主站系统：在总线系统的运行阶段，只有一个活动主站。

（5）多主站系统：总线上连有多个主站。这些主站与各自从站构成相互独立的子系统。每个子系统包括一个 DPM1、指定的若干从站及可能的 DPM2 设备。任何一个主站均可读取 DP 从站的输入/输出映象，但只有一个 DP 主站允许对 DP 从站写入数据。

3. 1500 kW 机组总线组成

1）1500 kW 机组的 PROFIBUS 拓扑结构

2）1500 kW 机组 PROFIBUS 特性

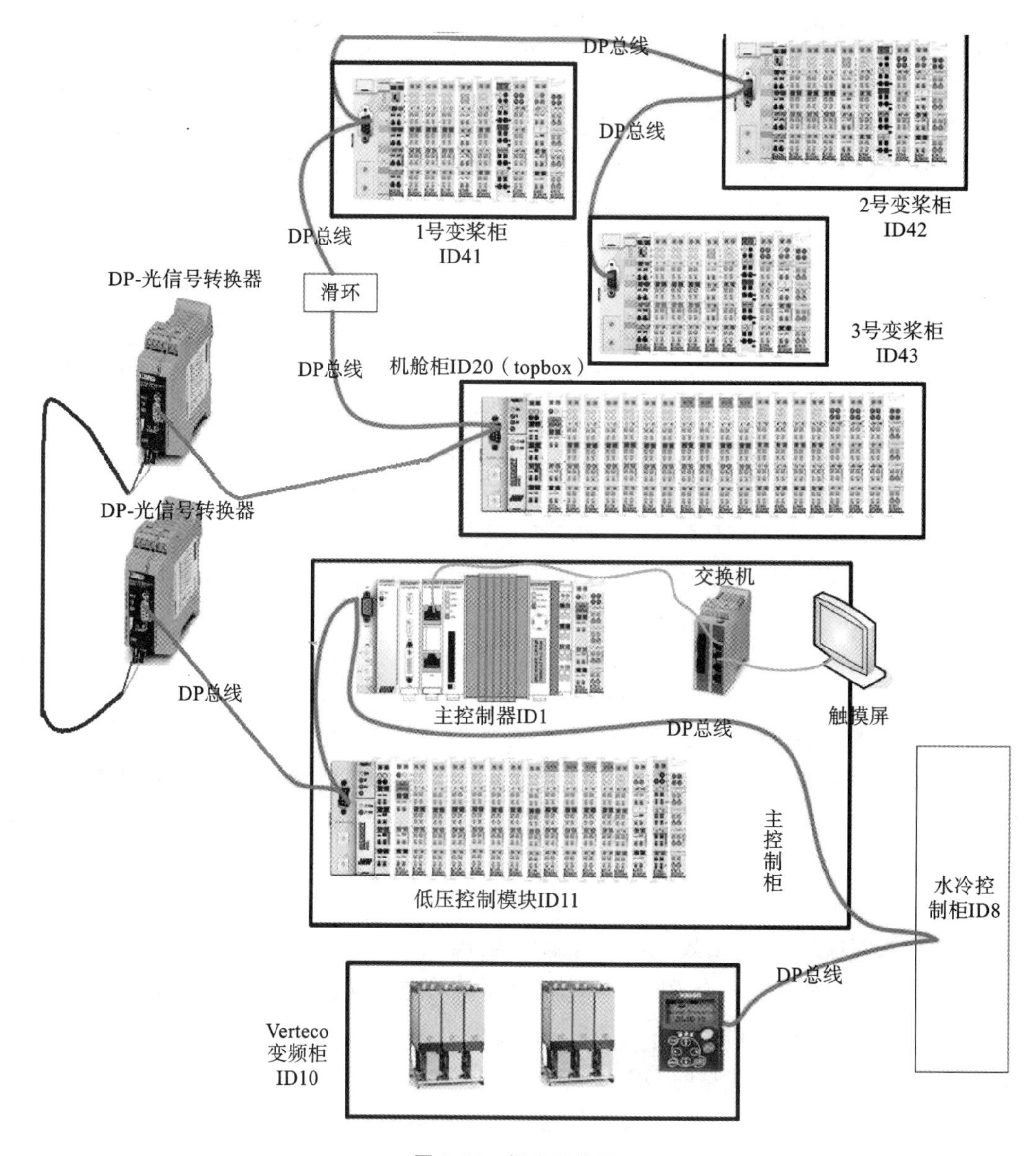

图 1-24　机组总线图

(1) 通信波特率是 3.0 Mb/s；

(2) 从站设定的 DP 通信保护时间即 watch-dog 是 480 ms，当从站在 480 ms 的时间内没有接收到来自主站的任何通信信息，此从站会采取保护机制，即报此从站的 DP 故障。

3) PROFIBUS 通信测量

通信质量问题的发生大多数是因为使用了不适当的电缆、总线电缆安装错误或 PROFIBUS 子站受到干扰。归纳典型的 PROFIBUS 通信故障的原因有：

(1) 信号丢失、电源失电或过多的总线终端；

(2) 过长的总线线路或过多的节点、错误的电缆型号；

(3) 使用损坏或者有问题的总线驱动器；

(4) 因为老化或腐蚀造成的过大的传输阻抗；

(5) 电缆路径受到强烈的干扰。

带有较差信号质量的架构只能通过总线通信的结构进行检测——使得在通信中的错误及其原因可以被有效地检测出来。检查手段的提高，增加了总线运行的可靠性，提高了抗电磁干扰的能力。

为实时测量 1500 kW 机组通信质量，测量设备 PROFIBUS tester3(以下简称为 PBT3)为主要测量仪器。

PBT3 能有效地测量 PROFIBUS 总线系统，找到通信中存在的故障和导致通信质量差的原因，PBT3 通过 USB 接口连接 PC 或笔记本电脑，其清晰的软件界面和简便的操作为测量和诊断故障提供了方便。

电源供应由内置的电源适配器(24 V)通过低压插槽(DIN45323)提供。当提供正常运行的电压后，"Power On"灯亮。两个 SUB-D 9 插槽是连接 RROFIBUS 设备和信号采样线 A、B(通过适配器板)，通过数字存储示波器(DSO)进行评估。在运行期间，"Ready"用来指示连接 PROFIBUS 后数据传输的运行状态。BNC 插槽的一个触发脉冲通过"Trigger"指示。

九、液压站

1. 液压站的作用

液压站为偏航闸提供 140～160 bar 的液压压力；为叶轮锁定闸提供锁定压力，在特殊情况下，可以用液压站上的手动液压泵为叶轮锁定闸提供锁定压力。

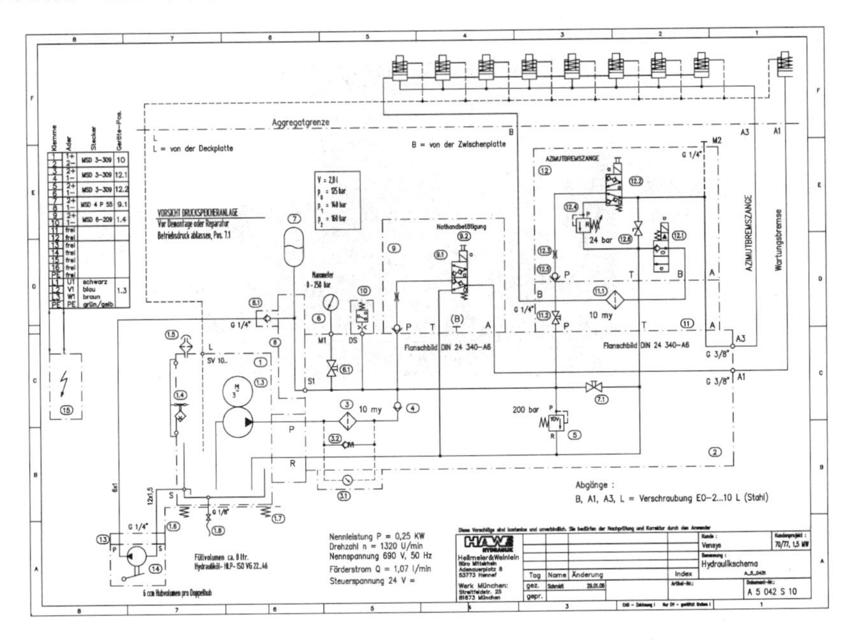

图 1-25　液压系统电路图

2. 系统油路分析

截流手阀 7.1、12.6 旋紧拧死，截流手阀 11.2、6.1 旋松打开。

正常工作状态(不偏航)：电磁阀 9.1、12.1、12.2 的线圈均始终不得电。

正常工作状态(偏航)：电磁阀 12.2 的线圈始终得电，电磁阀 9.1、12.1 的线圈均始终不得电。

使用液压闸锁定叶轮时，电磁阀 9.1 的线圈得电。

叶轮锁定闸建压：电磁阀 9.1 的线圈得电阀芯动作，P 口和 A 口连通，液压泵 1.3 工作建压，液压油流经导流块的 P 通道，进入滤芯 3，经过单向阀 4，进入阀组 9，最后经 P 口、A 口进入叶轮闸的液压缸内，在液压压力的作用下叶轮锁定闸动作闭合。

叶轮锁定闸失压：电磁阀 9.1 的线圈失电，电磁阀的阀芯在弹簧力的作用下阀芯动作归位，A 口和 T 口连通，液压油在叶轮锁定闸上的归位弹簧的作用下经过 A 口、T 口流回油箱。

偏航闸建压：偏航电磁阀 12.2 和偏航泄压电磁阀 12.1 的线圈失电(不得电)，阀组的 P 口与 A 口连通，液压泵工作建压，液压油流经导流块的 P 通道，进入滤芯 3，经过单向阀 4，经过截流手阀 11.2、单向阀 12.5、不可调节流孔 12.3，流过阀组的 P 口与 A 口，最后进入偏航闸的油缸内。

偏航闸泄压松闸：偏航电磁阀 12.2 的线圈得电阀芯动作，使 A 口与 T 口连通，A 口与 P 口关闭，液压油由偏航油缸回流入 A 口，经过溢流阀 12.4 和管路，进入连接块的 R 口，回流入油箱。

3. 液压站各部分名称

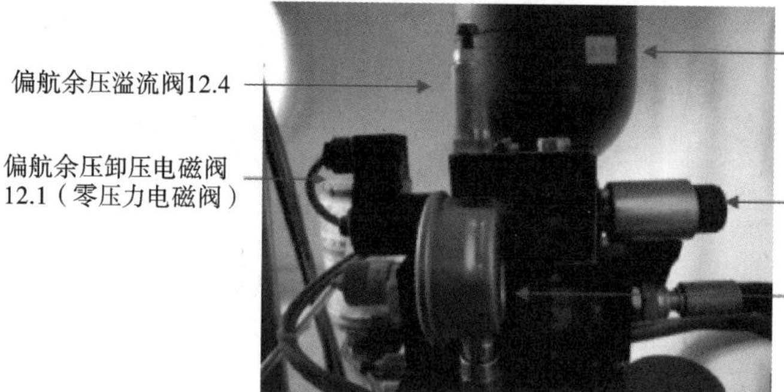

图 1-26　液压站部件名称指引 1

4. 部件的作用

1）储压罐的作用

在液压泵间隙工作时产生的压力进行能量存贮；

在液压泵损坏时做紧急动力源；

泄漏损失的补偿；

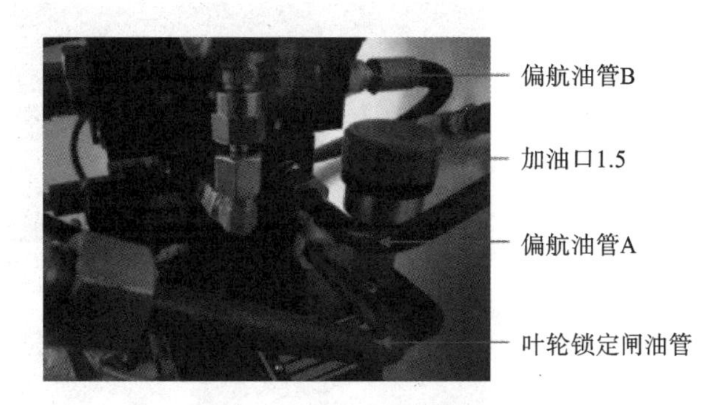

图 1-27　液压站部件名称指引 2

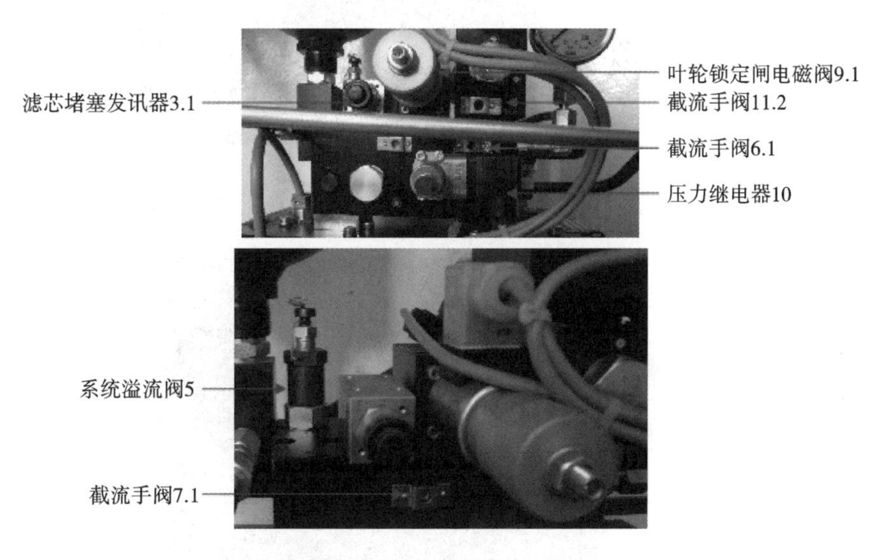

图 1-28　液压站部件名称指引 3

缓冲周期性的冲击和振荡；

温度和压力变化时所需的容量补偿。

2）电磁阀的作用

利用阀芯位置的改变来改变阀体上各油口的连通或断开状态，从而控制油路的连通、断开或改变方向。

3）溢流阀的作用

利用作用于阀芯上的液体压力和弹簧力相平衡的原理在某一调定压力下产生动作。

单向阀的作用：控制油液只能按一个方向流动而反向截止。

注意：电磁阀 12.2 和 9.1 都可以手动使阀芯动作。

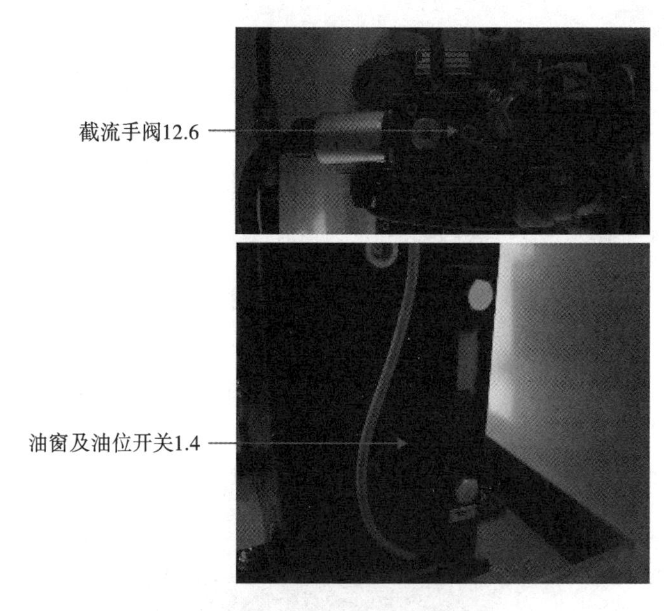

图 1-29　液压站部件名称指引 4

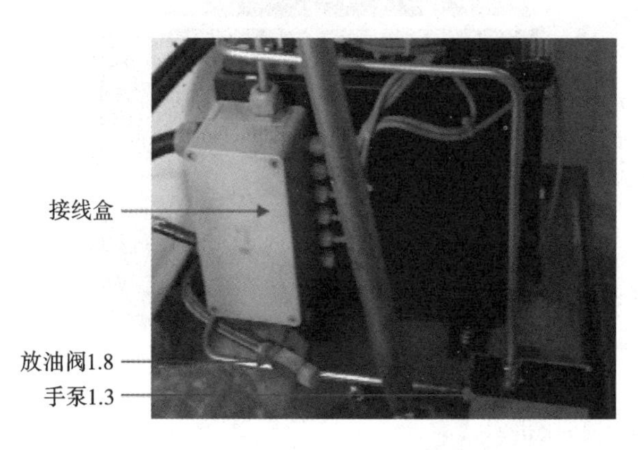

图 1-30　液压站部件名称指引 5

十、偏航电机

偏航电机为偏航驱动装置，由减速器、传动齿轮、轮齿间隙调整机构等组成。驱动装置减速器一般采用行星减速器或者蜗轮蜗杆与行星减速器串联。传动齿采用渐开线圆柱齿轮。驱动装置也包括偏航电机和偏航减速器齿轮机构。偏航驱动装置采用开齿式传动，大齿轮固定在塔架顶部静止不动，多采用内齿轮结构，小齿轮由安装在机舱上的驱动器驱动。

图 1-31　偏航电机

图 1-32　偏航齿轮

十一、偏航制动器

偏航制动器是偏航系统中的重要部件。制动器在额定负载下制动力矩稳定，其值不应小于设定值。偏航制动器采用液压控制，制动盘通常位于塔架或者与塔架机舱的适配器上，一般为环状，制动盘的材质应该具有足够的强度和韧性，为液压盘式压力闸，由液压系统提供 175～180 bar 的压力，使刹车片紧压在刹车盘上，提供足够的制动力。偏航时，液压释放但保持 15～20 bar 的余压，这样一来，偏航过程中始终保持一定的阻尼力矩，大大减少风机在偏航过程中的冲击载荷。

图 1-33　偏航制动器

十二、振动开关

振动开关监测机组的机舱的振动摆幅，同时也是机组振动的最后一道保护，其开关触点被串接在机组的安全链回路里。常见的振动开关有摆锤式和链球式两种。机组中使用的是摆锤式振动开关。摆锤式振动开关由一个安装在微动开关上的摆针及重锤组成，重锤按照机组摆动幅度的保护数值被固定在摆针的合适位置上。当机组因振动出现较大幅度的摆动时，摆锤带动摆针晃动，使微动开关动作引起机组的紧急或安全停机。机组重新启动时，摆锤必须回到竖直位置。

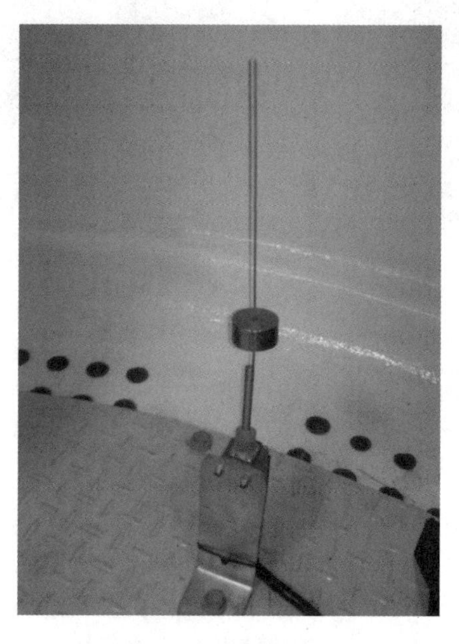

图 1-34　振动开关

第四节　主控系统故障及处理方法

一、机舱加速度超限故障

触发条件：当机舱加速度有效值大于0.12倍的重力加速度时，风机报此故障。

故障原因分析：

(1) 机组相应参数设置不合理。

(2) 传感器信号受干扰造成。

(3) 恶劣风况造成。

(4) 线路虚接造成。

(5) 加速度模块或者测量模块KL3404损坏。

故障排查过程如下。

第一步：检查线路，看是否有线路虚接问题。

第二步：校对X、Y方向加速度信号。

第三步：拆开传感器的盒子，检查线路板是否有明显损毁，若有则进行更换。

第四步：若通过以上几步检查，均未发现问题，则检查PLC相应的输入模块KL3404。

二、机舱加速度偏移故障

触发条件：当机舱加速度偏移量持续20 s大于0.5倍的重力加速度(机舱加速度传感器损坏或接线错误)时，风机报此故障。

可能的原因：

(1) 传感器内部部件损坏。

(2) 24 V直流电源失电。

(3) 信号线虚接。

(4) 大部件损坏，如叶片断裂、发电机损坏、机组倒塌等极端情况的出现。

故障排查过程如下。

第一步：检查线路，看是否有线路虚接问题。

第二步：校对X、Y方向加速度信号。

第三步：拆开传感器的盒子，检查线路板是否有明显损毁，若有则进行更换。

第四步：若通过以上几步检查，均未发现问题，则检查PLC相应的输入模块KL3404。

三、液压站建压超时故障

触发条件：当风机液压油位、反馈正常，不在偏航状态并且没有解缆时，液压站建压时间持续 60 s，压力继电器检测压力还没有达到整定系统压力值，风机报此故障。

故障原因分析：

(1) 液压站电磁阀损坏。

(2) 压力继电器损坏，或者其反馈回路出现毛病。

(3) 液压站的 400 V 电源丢失，或者液压泵损坏。

故障排查过程如下。

第一步：检查液压站，确认电是否输送到液压站上，还有液压站能否动作。

第二步：检查三个电磁阀，看有没有卡死的情况。在很多情况下，偏航电磁阀损坏时，容易报这个故障。

第三步：对照图纸，检查液压站上的各个手阀的设置是否正确。

第四步：检查压力继电器回路，看反馈信号是否正常。

四、液压泵反馈故障

触发条件：①当 PLC 收到建压要求，持续 4 s 没有得到液压站电机启动的反馈信号时，风机立即报此故障；②在液压站系统压力建压达到整定系统压力值后，持续 4 s 液压站电机反馈信号没有消失，立即报此故障。

故障原因分析：

(1) 液压泵的控制回路接线错误。

(2) 液压泵的反馈回路存在虚接。

(3) 测量模块 KL1104 损坏。

故障排查过程如下。

第一步：对照图纸，检查液压泵的控制回路接线是否正确。

第二步：检查液压泵的反馈回路，特别是 106K3 的辅助触点，看是否有虚接现象。

第三步：测试 KL1104 模块，给它 24 V 的输入信号，看程序上能否准确地收到。

五、偏航位置故障

故障原因分析：

(1) 偏航位置传感器损坏。

(2) Gspeed 模块损坏。

(3) KL3404 损坏。

故障排查过程如下。

第一步：检查 121AI2KL3404 的 E4 通道，测量 7 号端子电压，如果电压正常，但 PLC 所读出的位置大于 920°，则更换该模块。

第二步：如果电压不正常，则检测 Gspeed 模块和偏航位置传感器的电阻；如果偏航位置传感器的电阻正常，但 Gspeed 模块的电压不正常，则更换 Gspeed 模块。

第三步：如果偏航位置传感器的电阻不正常，则更换偏航位置传感器。

偏航速度故障原因分析：

（1）偏航电机的电源相序错误，或者缺相。

（2）偏航位置传感器损坏，或者接线错误。

（3）偏航位置的测量回路有问题。

故障排查过程如下。

第一步：查看 f 文件，f 文件可以反映出机组偏航的方向和偏航速度。左偏航，偏航速度为正；右偏航，偏航速度为负。查看偏航速度与偏航方向是否相反，若相反，则检查偏航相序。如果调试时报此故障，则检查维护手动偏航时，偏航方向是否相反，若相反则调相序。

第二步：如果偏航方向正确仍报此故障，则检查偏航位置检测回路。测量偏航位置传感器电阻是否正常；手动偏航时，向左偏机舱位置增大，向右偏机舱位置减小。

第三步：上述检查均正常，请检查 Gspeed 和 121AI2KL3404 模块。

六、偏航右反馈丢失

故障原因分析：

（1）偏航电源开关跳闸。

（2）偏航接触器的触点损坏。

故障排查过程如下。

第一步：上机舱检查，看 102Q2 有没有跳闸，103K2 是否吸合。

第二步：如果 102Q2 跳闸，检查 102Q2 的整定值是否正确；手动偏航，观察偏航电机的电磁刹车有没有动作，如果不动作，就是电磁刹车回路有问题；如果手动偏航时，偏航电机的电磁刹车都动作，这时要检查液压回路，看是否能正常泄压。

第三步：如果 102Q2 没有跳闸，可能是 103K5 的辅助触点有问题，检查触点。

第四步：还可能是过载回路有问题，要仔细检查过载回路（也就是 103K2 所在的回路）。

七、偏航左反馈丢失

故障原因分析：

（1）偏航电源开关跳闸。

（2）偏航接触器的触点损坏。

(3) 103K2 端子接线松动。

故障排查过程如下。

第一步:上机舱检查,看 102Q2 有没有跳闸,103K2 是否吸合。

第二步:如果 102Q2 跳闸,检查 102Q2 的整定值是否正确;手动偏航,观察偏航电机的电磁刹车有没有动作,如果不动作,就是电磁刹车回路有问题;如果手动偏航时,偏航电机的电磁刹车都动作,这时要检查液压回路,看是否能正常泄压。

第三步:如果 102Q2 没有跳闸,可能是 103K6 的辅助触点有问题,检查触点。

第四步:还可能是过载回路有问题,要仔细检查过载回路(也就是 103K2 所在的回路)

八、电网电压高故障

故障原因分析:

(1) 电网出现故障,某些相电压升高。

(2) 变流器内部的网侧滤波器损坏。

(3) 测量模块 KL3403 出现问题,测量错误。

(4) 电压互感器有故障。

故障排查过程如下。

第一步:先观察,是否全场的机子都同时出现这个故障;如果是,那就是电网的原因。

第二步:如果不是电网的原因,KL3403 出现问题的可能性较大,则更换此模块。

第三部:检查网侧滤波器有没有损坏。

第四步:如果以上三步都不行,就是电压互感器出现问题。

九、电网电压低故障

故障原因分析:

(1) 电网出现故障,某些相电压降低。

(2) 变流器内部的网侧滤波器损坏。

(3) 测量模块 KL3403 出现问题,测量错误。

(4) 电压互感器有故障。

故障排查过程如下。

第一步:先观察,是否全场的机子都同时出现这个故障;如果是,那就是电网的原因。

第二步:如果不是电网的原因,KL3403 出现问题的可能性较大,则更换此模块。

第三部:检查网侧滤波器有没有损坏。

第四步:如果以上三步都不行,就是电压互感器出现问题。

十、电网电流超限故障

故障原因分析:

(1) 电流互感器损坏。

(2) 测量模块 KL3403 损坏。

(3) 变流器的 1U1 出现问题,控制的电流不准确。

故障排查过程如下。

第一步:检查线路是否有虚接。

第二步:检查电流互感器,正常情况下,它的电阻为 0。

第三步:如果前面两步测量都正常,则更换 KL3403 模块。

第四步:如果还不行,则更换电流互感器。

第五步:如果还不行,则检查 1U1,可能是它有问题。

十一、电网电流不对称故障

故障原因分析:

(1) 电流互感器损坏。

(2) 测量模块 KL3403 损坏。

(3) 变流器的 1U1 出现问题,控制的电流不准确。

故障排查过程如下。

第一步:检查线路是否有虚接。

第二步:检查电流互感器,正常情况下,它的电阻为 0。

第三步:如果前面两步测量都正常,则更换 KL3403 模块。

第四步:如果还不行,则更换电流互感器。

第五步:如果还不行,则检查 1U1,可能是它有问题。

十二、电网频率高故障

故障原因分析:

(1) 测量模块 KL3403 损坏。

(2) 电压互感器损坏。

故障排查过程如下。

第一步:先检查线路是否有虚接,如果没有,则先更换 KL3403。

第二步:如果没有效果,则检查电压互感器。

十三、10 号子站、20 号子站、8 号子站总线诊断故障

10 号子站总线故障原因分析:

(1) DP 回路接线错误。

(2) 子站物理地址错误。

(3) 主控程序组态配置或下载存在问题。

(4) 变流子站 1U1 控制盒 E 板损坏。

(6) DP 线的整体屏蔽未接好,由干扰造成。

(7) DP 接线 360°接地没有做好。

故障处理方法如下。

第一步:如果风机在停机状态下,还有此故障,则检查接线、相应的子站,还有主控的组态配置;如果是在运行的过程中报此故障,则应该是线路有虚接,子站出问题,或者是屏蔽层没有接好,红接 3、绿接 4、屏蔽接 1。

第二步:检查子站之间的 DP 线,确认线缆没有损坏,且子站之间的 DP 线连接正确,不存在虚接、错接。保证 DP 线的屏蔽层接地良好(尤其是水冷子站 DP 接线)。

第三步:检查程序的组态配置是否存在问题;变流的应用程序或参数刷错。

第四步:待以上检查完成确认不存在问题后,可能是子站模块存在问题,更换子站模块。

第五步:检查变流 DP 360°接地。

20 号子站总线故障原因分析:

(1) DP 回路接线错误。

(2) 子站物理地址错误。

(3) 主控程序组态配置或下载存在问题。

(4) 子站模块损坏。

(5) DP 头损坏。

(6) DP 线的整体屏蔽未接好,由干扰造成。

故障处理方法如下。

第一步:如果风机在停机状态下,还有此故障,检查接线、相应的子站,还有主控的组态配置;如果是在运行的过程中报此故障,则应该是线路有虚接,子站出问题,或者是屏蔽层没有接好。

第二步:检查子站之间的 DP 线,确认线缆没有损坏,且子站之间的 DP 线连接正确,不存在虚接、错接。保证 DP 线的屏蔽层接地良好。

第三步:检查子站的物理地址是否正确,如与实际配置不符,应立即调整。

第四步:检查程序的组态配置是否存在问题。

第五步:待以上检查完成确认不存在问题后,可能是子站模块存在问题,更换子站模块。

8 号子站总线故障原因分析:

(1) DP 回路接线错误。

(2) 子站物理地址错误。

(3) 主控程序组态配置或下载存在问题。

(4) 子站模块损坏。

(5) DP 头损坏。

(6) DP 线的整体屏蔽未接好,由干扰造成。

故障处理方法如下。

第一步:如果风机在停机状态下,还有此故障,检查接线、相应的子站,还有主控的组态配置;如果是在运行的过程中报此故障,则应该是线路有虚接,子站出问题,或者是屏蔽层没

有接好。

第二步：检查子站之间的DP线，确认线缆没有损坏，且子站之间的DP线连接正确，不存在虚接、错接。保证DP线的屏蔽层接地良好。

第三步：检查子站的物理地址是否正确，如与实际配置不符，应立即调整。

第四步：检查程序的组态配置是否存在问题。

第五步：待以上检查完成确认不存在问题后，可能是子站模块存在问题，更换子站模块。

变流的DP接线有问题也会引起8号子站DP故障。

十四、发电机转速比较故障

故障原因分析：

(1) 转速测量回路的接线松动。

(2) 发电机转速测量回路的保险损坏。

(3) 叶轮转速接近开关损坏，接近开关与码盘的距离不合适。

(4) Overspeed、Gspeed或者Gpulse模块接线松动，或者模块本身损坏。

(5) 测量转速信号的bechhoff模块存在问题。

故障排查过程如下。

第一步：首先检查转速接近开关和码盘的距离是否合适，检查接近开关屏蔽层接地是否有问题。用金属物挡在接近开关顶部，观察其是否能正常工作。

第二步：当叶轮自由旋转时，观察Overspeed模块上的pulse_sensor_1和pulse_sensor_2是否以相同的频率闪烁。或者连上主控程序，检测转速信号的3个变量，观察检测的信号。做完以上检查后，判断接近开关是否存在问题，若有，则进行处理和更换。

第三步：检查Overspeed、Gspeed或者Gpulse模块接线是否松动或存在接线错误，若有，则调整或者紧固接线。

第四步：检查Gpulse回路的保险是否损坏。

第五步：做完以上检查后，如果仍有此故障，则更换连接121A15、121A12的KL3404模拟量采集模块。

十五、发电机临界转速故障

故障原因分析：

(1) Overspeed模块配置跳线连接存在问题或者接线松动。

(2) Gpulse或者Gspeed模块损坏。

(3) 初始化文件的给定值过小，或者面板给定数值过小。

(4) 风速瞬间变化幅度大引起的真实过速。

故障排查过程如下。

第一步：检查参数设置，包括初始化文件和面板给定数值的设置，确保参数配置正确。

第二步：检查Overspeed的跳线配置正确，接线无松动，根据现有图纸及软件配置，应短接 Overspeed 模块的 5、6、9 端子。

第三步：检查 Gpulse 或者 Gspeed 是否有损坏，若有，则更换。

第四步：检查是否存在机组真实过速，要仔细检查程序的配置是否正确。若错误，则联系公司处理。

十六、变桨安全链故障

故障原因分析：

(1) 接线以及滑环哈丁头有松动。

(2) 继电器 115K7 损坏。

(3) 变桨柜内部故障。

(4) 3 号变桨柜 X10a 哈丁头内部没有安全链短接线。

故障排查过程如下。

第一步：检查端子排 X115.1、120DI2(KL1104)的 5 号端子的接线以及滑环哈丁头有没有松动。

第二步：检查继电器 115K7 指示灯是否发亮，如果亮，则检查 120DI2(KL1104)的 5 号端子是否有 24 V 直流电压并且对应的指示灯也亮。如果 120DI2(KL1104)的 5 号端子没有 24 V 直流电压，则说明继电器 115K7 损坏。

第三步：继电器 115K7 指示灯不发亮，并且 120DI2(KL1104)的 5 号端子是否有 24 V 直流电压，请测量端子排 X115.1 端子 3 和 4 的电压，如果两个端子上都是 0 V，则说明继电器 115K7 损坏；如果 3 号端子有 24 V 直流电压，则说明变桨柜内部 K4 继电器断开或者滑环线路断开。

十七、叶轮锁定故障

故障原因分析：

(1) 叶轮锁定接近开关与销杆的距离较大。

(2) 接近开关的线路松动。

(3) 接近开关损坏。

(4) KL1104 模块损坏。

故障排查过程如下。

第一步：检查叶轮锁定的接近开关的指示灯是否发亮，如果不发亮，则用金属物体接触接近开关的头，这时如果接近开关指示灯发亮，则需要重新调整接近开关与销杆的距离。

第二步：如果接近开关指示灯不发亮，则检查接近开关的线路；如果线路上没有松动或断开，则需要更换接近开关。

第三步：如果接近开关指示灯发亮，模块 119DI10(KL1104)的端子 1 或 5 的指示灯不亮，经检查 119DI10(KL1104)的端子 1 或 5 上有 24 V 直流电压输入，则更换 KL1104 模块。

十八、变桨外部安全链故障

故障原因分析：

(1) 安全链回路接线松动或者错误。

(2) 安全继电器损坏。

(3) 滑环损坏。

故障排查过程如下。

第一步：请确认安全继电器122K4的电源指示灯正常，如果安全继电器电源指示灯不亮，而端子A1和A2有24 V直流电压，则请更换安全继电器。

第二步：检查安全链回路的接线，对照图纸，一次检查安全链回路的各个触点是否闭合，包括：PLC急停开关、扭缆开关、过速1、过速2、急停按钮、振动开关和来自变桨的安全链。

第三步：如果以上检查都正常，但是在运行的时候，还是报这个故障，就需要更换滑环。

十九、环境温度高故障

故障原因分析：

(1) 传感器损坏。

(2) 传感器信号干扰造成。

(3) 线路虚接造成。

(4) PLC上的测量模块损坏。

故障排查过程如下。

步骤一：检查线路，看是否有线路虚接问题。

步骤二：用万用表测量PT100的电阻值是否在正常范围内。

步骤三：检查传感器的屏蔽层的接地。

步骤四：若以上几步检查均无问题，则可检查PLC相应的输入模块121AI6(KL3024)。

二十、扭缆开关故障

故障原因分析：

(1) 偏航位置传感器内部的触点设置错误。

(2) 线路虚接。

(3) 测量模块KL1104损坏。

故障排查过程如下。

第一步：看故障记录，找出扭缆开关动作时，偏航的位置。

第二步：如果偏航的位置小于900°，扭缆开关就动作。重新设置偏航位置传感器内部的触点，并且要细细检查线路是否有虚接。

第三步：如果偏航的位置大于900°，扭缆开关就动作，这就是程序的问题，及时联系公司。

二十一、机舱急停故障

故障原因分析：

（1）人为紧急情况下进行操作。

（2）线路虚接或接错。

（3）对应的倍福模块本身或通道有问题。

故障排查过程如下。

第一步：了解故障时是否有人对其进行操作，假如为人为操作，则是正常情况。

第二步：确定故障不属于正常情况，则对塔底急停旋钮开关进行检查，包括：通断检查，确定其线路是否完好；节点处是否存在虚接，以及相应触点的接线正确性。

第三步：对应的倍福模块通道是否正常，如果异常，则要进行更换处理。

二十二、塔底急停故障

故障原因分析：

（1）人为紧急情况下进行操作。

（2）线路虚接或接错。

（3）对应的倍福模块本身或通道有问题。

故障排查过程如下。

第一步：了解故障时是否有人对其进行操作，假如为人为操作，则是正常情况。

第二步：确定故障不属于正常情况，则对塔底急停旋钮开关进行检查，包括：通断检查，确定其线路是否完好；节点处是否存在虚接，以及相应的触点的接线正确性。

第三步：对应的倍福模块通道是否正常，如果异常，则要进行更换处理。

二十三、发电机紧急停机转速故障

故障原因分析：

（1）Overspeed 模块配置跳线连接存在问题或者接线松动。

（2）Gpulse 或者 Gspeed 模块损坏。

（3）初始化文件的给定值过小，或者面板给定数值过小。

（4）风速瞬间变化幅度大引起的真实过速。

故障排查过程如下。

第一步：检查参数设置，包括初始化文件和面板给定数值的设置，确保参数配置正确。

第二步：检查 Overspeed 的跳线配置正确，接线无松动，根据现有图纸及软件配置，应短接 Overspeed 模块的 5、6、9 端子。

第三步:检查 Gpulse 或者 Gspeed 是否有损坏,若有则更换。

第四步:检查是否存在机组真实过速,要仔细检查程序的配置是否正确。若错误,则联系公司处理。

11 号子站总线故障原因分析:

(1) DP 回路接线错误。

(2) 子站物理地址错误。

(3) 主控程序组态配置或下载存在问题。

(4) 子站模块损坏。

(5) DP 头损坏。

(6) DP 线的整体屏蔽未接好,干扰造成。

故障处理方法如下。

第一步:如果风机在停机状态下,还有此故障,检查接线、相应的子站,还有主控的组态配置;如果是在运行的过程中报此故障,则应该是线路有虚接,子站出问题,或者是屏蔽层没有接好。

第二步:检查子站之间的 DP 线,确认线缆没有损坏,且子站之间的 DP 线连接正确,不存在虚接、错接。保证 DP 线的屏蔽层接地良好。

第三步:检查子站的物理地址是否正确,如与实际配置不符,应立即调整。

第四步:检查程序的组态配置是否存在问题。

第五步:待以上检查完成确认不存在问题后,可能是子站模块存在问题,更换子站模块。

二十四、主控柜断路器状态反馈故障

故障原因分析:

(1) 接线松动。

(2) 断路器辅助触点损坏。

(3) KL1104 模块损坏。

(4) 后面的回路有短路点,导致跳闸。

故障排查过程如下。

第一步:看空开是否已经跳闸,如果跳了,则要继续找出后面的短路点。

第二步:如果没有跳闸,应该是反馈回路的接线松动,或者是 KL1104 模块损坏,对照图纸,仔细检查这个反馈回路。

SWITCH 配置的主控柜,此故障对应 2F10 断路器的反馈触电 13-14。

二十五、变流器电源断路器状态反馈故障

故障原因分析:

(1) 接线松动。

(2) 断路器辅助触点损坏。

(3) KL1104 模块损坏。

(4) 后面的回路有短路点,导致跳闸。

故障排查过程如下。

第一步:看空开是否已经跳闸,如果跳了,则要继续找出后面的短路点。

第二步:如果没有跳闸,应该是反馈回路的接线松动,或者是 KL1104 模块损坏,对照图纸,仔细检查这个反馈回路。

SWITCH 配置的主控柜,此故障对应 3F2 断路器的反馈触电 13-14。

二十六、冷却系统断路器状态反馈故障

故障原因分析:

(1) 接线松动。

(2) 断路器辅助触点损坏。

(3) KL1104 模块损坏。

(4) 后面的回路有短路点,导致跳闸。

故障排查过程如下。

第一步:看空开是否已经跳闸,如果跳了,则要继续找出后面的短路点。

第二步:如果没有跳闸,应该是反馈回路的接线松动,或者是 KL1104 模块损坏,对照图纸,仔细检查这个反馈回路。

SWITCH 配置的主控柜,此故障对应 3F2 断路器的反馈触电 13-14。

二十七、机舱电源断路器状态反馈故障

故障原因分析:

(1) 接线松动。

(2) 断路器辅助触点损坏。

(3) KL1104 模块损坏。

(4) 后面的回路有短路点,导致跳闸。

故障排查过程如下。

第一步:看空开是否已经跳闸,如果跳了,则要继续找出后面的短路点。

第二步:如果没有跳闸,应该是反馈回路的接线松动,或者是 KL1104 模块损坏,对照图纸,仔细检查这个反馈回路。

SWITCH 配置的主控柜,此故障对应 2F12 断路器的反馈触电 13-14。

二十八、塔底 UPS 故障

故障原因分析:

(1) UPS损坏,不充电。

(2) UPS电源接线不牢,有缺相情况。

(3) UPS的OK反馈信号线虚接,或者未接。

(4) 14DI9信号收集模块损坏。

故障处理方法如下。

第一步:检查电源是否正常,测量它的三相输入电源。

第二步:检查UPS是否正常,万用表笔检测UPS的输出线路,如果输出电压正常,则可以排除UPS自身故障。

第三步:检查UPS OK信号反馈线路是否正确,有无虚接。

第四步:最后排查PLC模块中KL1104(14DI9)的好坏。

二十九、机舱UPS故障

故障原因分析:

(1) UPS损坏,不充电。

(2) UPS电源接线不牢,有缺相情况。

(3) UPS的OK反馈信号线虚接,或者未接。

(4) 119DI8信号收集模块损坏。

故障处理方法如下。

第一步:检查电源是否正常,测量它的三相输入电源。

第二步:检查UPS是否正常,用万用表笔检测UPS的输出线路,如果输出电压正常,则可以排除UPS自身故障。

第三步:检查UPS OK信号反馈线路是否正确,有无虚接。

第四步:最后排查PLC模块中KL1104(119DI8)的好坏。

三十、塔底UPS警告

故障原因分析:

(1) 蓄电池本体损坏。

(2) 蓄电池入线端线路未接好,或者虚接。

(3) OK信号反馈线路虚接,或者断路。

(4) 测量模块KL1104(14DI9)损坏。

故障处理方法如下。

(1) 检查蓄电池本身的保险是否正常,再测量电池的电压。

(2) 检查蓄电池输入/输出端接线情况,有无虚接,有无断路情况。

(3) 最后排查PLC模块的14DI9模块以及反馈信号回路的接线情况。

三十一、机舱 UPS 警告

故障原因分析：

(1) 蓄电池本体损坏。

(2) 蓄电池入线端线路未接好，或者虚接。

(3) OK 信号反馈线路虚接，或者断路。

(4) 测量模块 KL1104(119DI8)损坏。

故障处理方法如下。

(1) 检查蓄电池本身的保险是否正常，再测量电池的电压。

(2) 检查蓄电池输入/输出端接线情况，有无虚接，有无断路情况。

(3) 最后排查 PLC 模块的 119DI8 模块以及反馈信号回路的接线情况。

三十二、机舱控制柜温度故障

故障原因分析：

(1) 传感器损坏。

(2) 传感器信号干扰造成。

(3) 线路虚接造成。

(4) PLC 上的测量模块损坏。

故障排查过程如下。

第一步：检查线路，看是否有线路虚接问题。

第二步：用万用表测量 PT100 的电阻值是否在正常范围内。

第三步：检查传感器的屏蔽层的接地。

第四步：若以上几步检查均无问题，则可以检查 PLC 相应的输入模块。

三十三、液压油位低故障

故障原因分析：

(1) 液压站漏油，或者缺油。

(2) 液压站油位检测回路有虚接，或者检测器件损坏。

(3) 测量模块 KL1104 损坏。

故障排查过程如下。

第一步：检查液压油位，通过油窗观察油位是否低于 1/3 处。如果油位低，则检查液压回路是否有漏油点，如果有请处理，处理完毕后加液压油。

第二步：如果油位正常仍报出液压油位低故障，则检查液压油位检测回路。

第三步：如果以上都正常，则更换对应的 KL1104 模块。

三十四、发电机过温

故障原因分析：

(1) 温度传感器 PT100 损坏，或者线路有虚接。

(2) 测量模块 KL3204 损坏。

(3) 发电机绝缘性能降低。

故障排查过程如下。

第一步：检查温度高的那个绕组的 PT100 是否正常，如果正常，则电阻应该是 110 Ω 左右。

第二步：如果 PT100 正常，则温度测量模块有问题，更换 KL3204。

第三步：如果 PT100 和 KL3204 都正常，则可能是真正的过温，是发电机出现问题。

三十五、主控柜温度故障

故障原因分析：

(1) 传感器损坏。

(2) 传感器信号干扰造成。

(3) 线路虚接造成。

(4) PLC 上的测量模块损坏。

故障排查过程如下。

第一步：检查线路，看是否有线路虚接问题。

第二步：用万用表测量 PT100 的电阻值是否在正常范围内。

第三步：检查传感器的屏蔽层的接地。

第四步：若以上几步检查均无问题，则检查 PLC 相应的输入模块。

三十六、机舱振动开关故障

故障原因分析：

(1) 风速大等外围条件造成机舱震动而出现动作的保护。

(2) 线路虚接或接错。

(3) 对应的倍福模块本身或通道有问题。

(4) 振动开关的钟锤调节得偏高或振动开关自身存在问题。

故障排查过程如下。

第一步：观察面板数据以及中央监控相关数据，确定故障发现时是否存在真实的震动情况，如果有，则说明为风机保护停机，属于正常情况。

第二步：确定故障发生时不属于正常情况，则对机舱内振动开关进行检查，包括：通断检查，确定其线路是否完好；节点处是否存在虚接，以及常闭和常开触点的接线正确性。

第三步：对应的倍福模块通道是否正常，如果异常，则要进行更换处理。

第四步：调整振动开关钟锤的高度。

三十七、发电机过速模块故障

故障原因分析：

(1) 风速过大，软件过速未动作，硬件保护先动作。

(2) Overspeed 模块或者内部触点损坏。

(3) 转速接近开关有问题。

(4) 倍福模块本身有问题。

(5) 过速保护模块的硬件短接线虚接或连接错误或模块内部设置有问题。

故障排查过程如下。

第一步：首先检查程序配置是否正确；检查过速模块短接线和内部整定设置是否正确。

第二步：观察故障记录，看三个转速中是否过速，如果没有，则测量模块出现问题。如果有，就是控制策略的问题，联系公司的研发部门。

第三步：如果记录中的发电机转速都正常，则仔细检查从 Overspeed 模块到 KL1104 之间的回路接线。

第四步：如果接线正常，则直接更换 Overspeed 模块。

教学提示：

通过本章的学习，学生应充分了解风力发电机组的主控系统与机舱系统各个元器件的原理与应用。教师要深入挖掘并运用风力发电的控制系统和教学案例中蕴含的思政教育元素，发挥课程育人的主体作用，从科学发展、绿色能源及“双碳”目标等国家战略的角度出发，切实把思想政治教育贯穿于教学实践的全过程。注重将大国工匠、劳动精神、团队合作的人文素养融入课程，多举些本行业特别是由我院培养成长起来的行业人才的事迹，多角度持续性地跟踪评价学生的学习成果，坚持个性化评价、多角度实施考核，从而达到教书育人的双重目标。培养学生质量意识、科学态度、安全意识等，确保学科内容与课程思政的育人效果。

第二章　安全链系统

第一节　安全链系统介绍

机组安全链是独立于机组 PLC 控制系统的硬件保护措施。采用反逻辑设计，将可能对风力机组造成严重损害的故障节点串入两路安全链，即安全链回路 1（振动开关、过速 1、过速 2、变桨安全链故障信号、变流安全链故障信号）和安全链回路 2（主控急停按钮、机舱急停按钮、扭缆开关、PLC 急停信号）。一旦其中一个节点动作，将引起相应整个安全链回路断电，机组进入紧急停机过程，变桨系统执行顺桨停机，并使主控系统和变流系统处于闭锁状态。如果故障节点得不到恢复，那么整个机组的正常运行都不能实现。两路安全链的区别在于对偏航使能的影响，安全链回路 2 中节点断开将导致偏航使能信号丢失，安全链回路 1 中节点断开则不会影响偏航使能信号，即发生振动、过速、变桨安全链故障、变流安全链故障后机组仍可执行偏航操作，但是发生主控急停、机舱急停、扭缆开关故障、PLC 急停后是禁止偏航的。为了防止机组在极端小概率事故下发生叶轮飞车事故，采用双安全链回路，采取自动侧风方案，通过侧风偏航动作以避风险。

安全链是整个机组的最后一道保护，它处于机组的软件保护之后。安全系统由符合国际安全标准的安全继电器和硬件开关节点组成，它的实施应用使机组更加安全可靠。

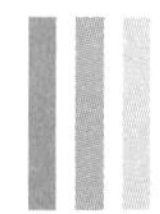

第二节　安全链连接电路图

变桨系统通过每个变桨柜中的 K4 继电器的触点来影响主控系统的安全链，而主控系统的安全链是通过每个变桨柜中的 K7 继电器的线圈来影响变桨系统的。变桨的安全链与主

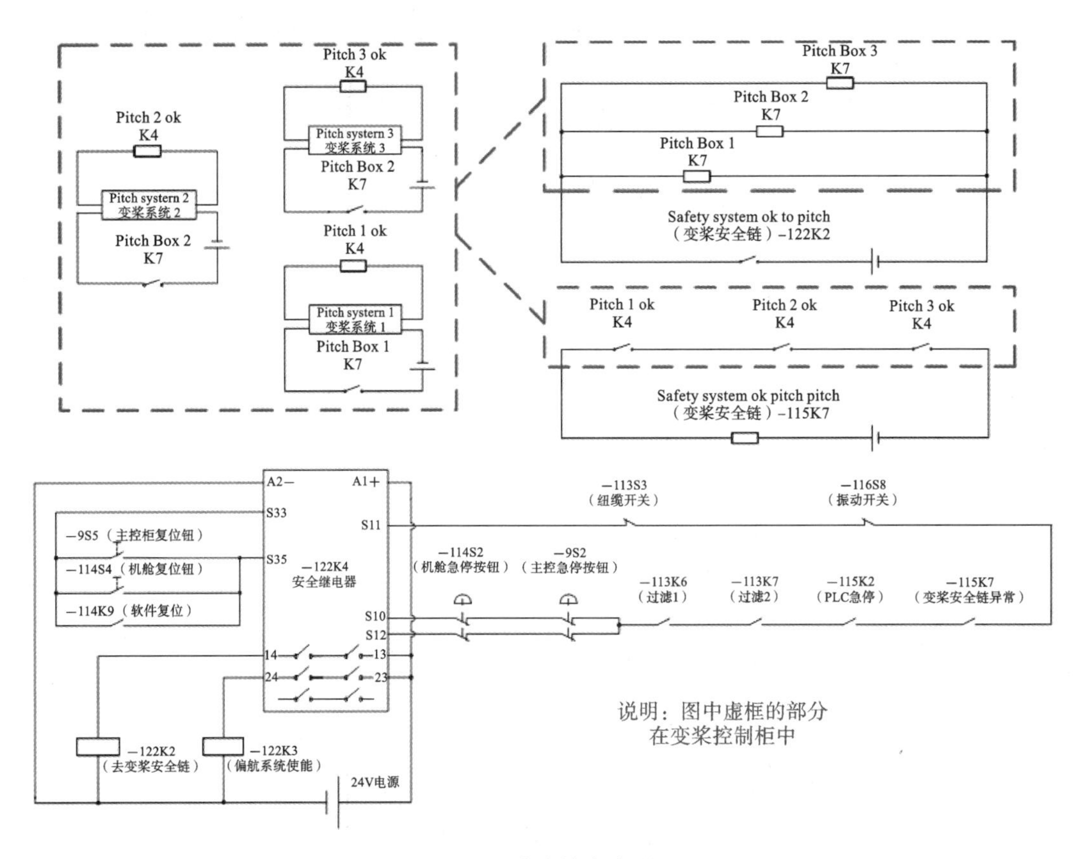

图 2-1　安全链电路图

控的安全链相互独立而又相互影响。当主控系统的安全链上一个节点动作断开时，安全链到变桨的继电器－115K3 线圈失电，其触点断开，每个变桨柜中的 K7 继电器的线圈失电使触点断开，变桨系统进入紧急停机的模式，迅速向 90°顺桨。当变桨系统出现故障（如变桨变频器 OK 信号丢失、90°限位开关动作等）时，变桨系统切断 K4 继电器上的电源，K4 继电器的触点断开，使安全链来自变桨的继电器－115K7 线圈失电，其触点断开，主控系统的整个安全链也断开。同时，安全链到变桨的继电器－115K3 线圈失电，其触点断开，每个变桨柜中的 K7 继电器的线圈失电使触点断开，变桨系统中没有出现故障的叶片的控制系统进入紧急停机的模式，迅速向 90°顺桨。这样的设计使安全链环环相扣，能最大限度地对机组起到保护作用。

在实际的接线上，安全链上的各个节点并不是真正串联在一起，每个输入在逻辑上都是高电平 1，几个信号相与之后，其输出也必然都是高电平 1，但是只要有 1 个输入信号变成低电平 0，其输出也必然是低电平 0。逻辑上的输出实际上是通过安全链的输出模块来控制的，分别控制－115K3 和－114K8 继电器。输入是由实际的开关触点和程序中的布尔变量来共同实现的。实际的开关触点的开关状态由安全链模块的输入模块进行采集。程序中的布尔变量是按程序来进行控制的。

1. 塔底急停、机舱急停

在塔底或者在机舱发生紧急情况时按下急停按钮，安全链迅速断开。

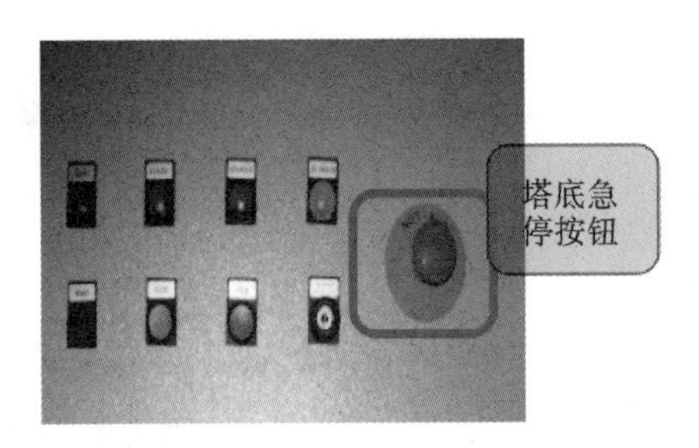

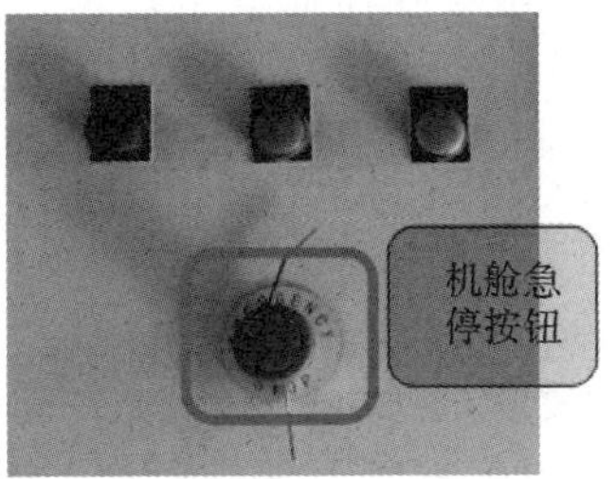

图 2-2　急停按钮

2. 安全继电器——菲尼克斯

安全继电器实物如图 2-3 所示，安全继电器内部电路图如图 2-4 所示。

图 2-3　安全继电器

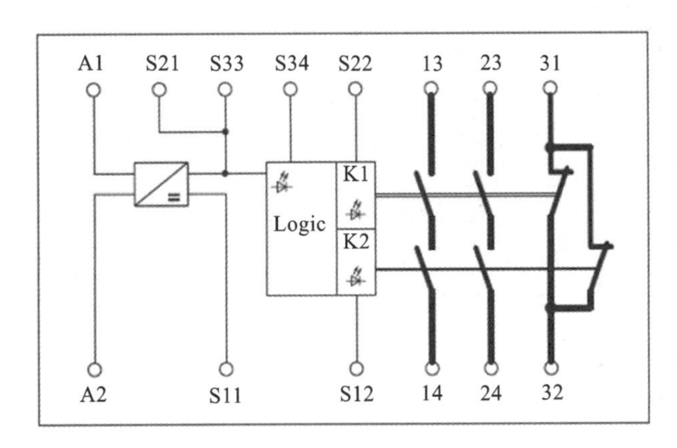

图 2-4　安全继电器电路图

3. 发电机过速 1、过速度 2

在机组过速保护上使用 Overspeed 模块可以判断电机转速是否超过设定保护值。若电机转速超过设定保护值，则模块将断开内部的保护触点。该触点信号串联在系统安全链内，从而导致系统安全链动作使机组保护停机，从而达到电机过速保护的目的。

保护设定值设定方式是选择 P1 端子的 4、5、6、7、8 与 P1 端子的 9 脚组合连接，然后经由运算放大器 U2D 构成的加法器输出。输出的电压信号与进入运算放大器 U3A 的转速电压信号，在 U3A 组成的电压比较器上进行比较。当转速电压低于 U2D 输出电压时，继电器线圈带电，过速继电器触点处于闭合状态；当转速电压高于 U2D 输出电压时，继电器线圈立即失电，过速继电器触点由闭合状态立即断开，安全链也即时断开，机组报出过速故障。

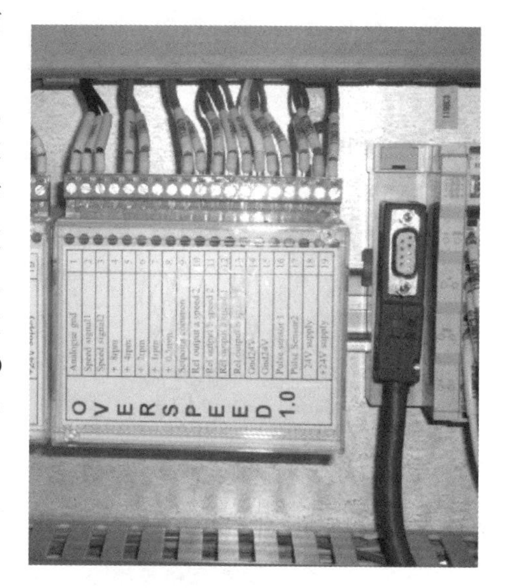

图 2-5　过速检测模块

4. 扭缆开关

风机在运行过程中会随着风向自动旋转，由机舱引入塔架的发电机电缆处于缠绕状态，扭缆开关监测到机舱在待机状态已调向 720°，扭缆开关会向 PLC 传输信号进行解缆，当运行状态已经调向 1080°时，扭缆开关会触发断开安全链，机组报出扭缆故障。

5. 振动开关

振动开关监测的是机组的机舱的振动摆幅，当机组因振动出现较大幅度的摆动时，摆锤带动摆针晃动，使微动开关动作断开安全链。机组重新启动时，摆锤必须回到竖直位置。

图 2-6　扭缆开关

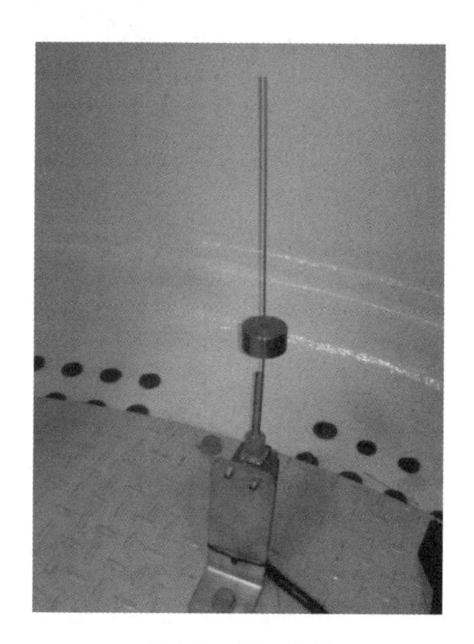

图 2-7　振动开关

教学提示：

本章介绍了风力发电机组安全保护系统，重点介绍了风力发电机组安全链的元器件及

安全链触发方式。通过对风力发电机组安全链的学习与训练，培养学生勤于实践、攻坚克难，积极主动解决问题的能力。同时，通过安全链的学习与训练，增强学生的安全意识，牢固树立“人民至上，生命至上”的理念。结合国家标准、行业标准、企业标准和特种行业操作证的要求，培养学生牢固树立安全第一、预防为主的观念，为后续能在风电场安全工作奠定良好基础，为我国风力发电长期安全稳定运行做出贡献。

第三章　水冷系统

冷却介质在主循环泵升压后流经空气散热器，得到冷却后进入变流器将热量带出，再回到主循环泵，密闭式往复循环。循环管路设置电动三通阀，根据冷却介质温度的变化，自动调节经过空气散热器冷却介质的比例，空气散热器将冷却介质带出的热量交换出去。

水冷循环系统有气囊式膨胀罐，可以保持恒压并吸收系统中冷却介质的体积变化，从而保证整个系统的正常运行。与变流器、空气散热器连接的外部软管通过法兰及24°锥管接头以压接的方式进行紧固连接。

第一节　水冷系统元器件介绍

一、水冷循环泵

水冷系统水循环的动力源采用的是3 kW的电机，由该电机拖动水泵工作。它在正常工作过程中一直处于运行状态，从而使管路中的水不断流动，把热量从变流器中带出，在散热器处散到空气中。水泵的出口流量可以通过调节驱动电机的转速来完成，当功率大时利用变频器控制电机快速旋转，当功率小时低速旋转。这样做可以避免电机长期高速旋转带来的能量损失，如中冶迈克的水冷系统就加入了变频器。这样虽然可以节能，但是也增加了变频器的投入，且变频器是否能够维持长期的正常工作也未知。因此，从系统连续正常运行及安装成本的角度考虑，也可以不采用变频器。高澜水冷系统中就没有采用变频器。水泵参数如下。

输送流体：低温型，用于内蒙古、吉林、黑龙江、河北等最低环境温度低于－45 ℃的项目。低温型冷却液配比为：42.5%的去离子水＋56.5%的乙二醇（$C_2H_6O_2$，CAS号是107-21-1）＋1%的防腐剂（VPCI-649）。常规型：用于最低环境温度不低于－35 ℃的项目。常规

图 3-1　水冷循环泵

型冷却液配比为：49.5%去离子水+49.5%乙二醇+1%的防腐剂（VPCI-649）。

流体温度：10 ℃～70 ℃。

总流量：17.4 m^3/h。

扬程：32 m。

水泵电机：AC 400 V、50 Hz、3 相、3.0 kW、2890 r/min、CRI 15-3。

二、三通阀

图 3-2　三通阀

三通阀是一个分流装置，贺德克水冷系统的三通阀是一个机械式三通阀，它的工作原理是通过感温包膨胀和收缩来推动三通阀阀芯的位置移动，从而控制、调节内循环和外循环的混合液流量。我们选择的感温包型号是 TB25 型，控制精度为±2 ℃。当混合液温度低于 25 ℃时，混合液只会从内循环流过，而不会通过塔筒外散热器，因为如果塔筒内温度足够低的话，不需要塔筒外散热器散热，变流柜温度也可以降到正常工作温度。当混合液温度大于 25 ℃时，三通阀会逐渐打开，逐渐增大外循环的流量，一直到混合液温度达到 40 ℃时，混合液会全部经过塔筒外散热器循环，从而使水冷系统的散热能力达到最大，保证变流器工作在合适的温度范围内。

三、电加热器

只有在水冷系统运行的条件下电加热器才可以工作进行加热，电加热器的启停是由主控程序来控制的。当变流器有加热请求时，电加热器会开始加热来调节变流器内部元器件温度，直到变流器加热请求信号消失为止。当系统水温低于 12 ℃时，水冷系统也会自动开始加热，直到水温高于 15 ℃时才停止加热。另外，主控在就地控制的状态下也可以强制水冷系统进行加热，作为调试或冬天低温时系统启动前的预热。

图 3-3　电加热器

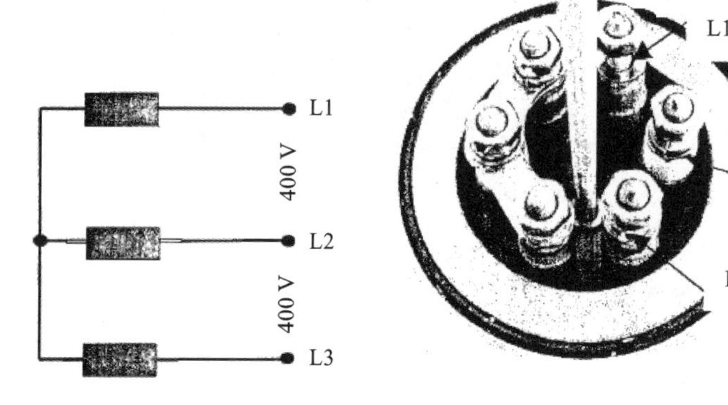

图 3-4　电加热器接线图

四、储压罐

图 3-5　储压罐

储压罐：维持系统压力在一个较小的范围内波动，防止压力随温度变化大幅振荡。它的工作原理可以这样理解：储压罐内部有一个气囊，气囊里充的是氮气，气囊的初始压力为一个定值。当系统水温升高或由于其他原因引起压力增大时，储压罐内气囊被压缩，管路中的一部分水进入储压罐。当储压罐内气体压力与管路压力达到某种平衡关系时，管路压力保持不变。这样，原本较大的压力变化被储压罐缓冲，压降变得较小；当温度降低或由于其他原因引起系统压力减小时，储压罐会减缓压力的下降幅度，原理和压力增高时的类似。

1500 kW 水冷系统水泵出口设有压力平衡罐，作用相当于隔膜式蓄能器，正常情况下通过压力平衡罐把压力能转换为弹性势能储存起来并维持水泵出口压力的稳定，从而维持水冷系统内压力在一个较小的范围内波动。防止压力随温度变化大幅振荡。它的工作原理可以这样理解：储压罐内部有一个气囊，气囊里充的是氮气，气囊的初始压力为一个定值(1.5 bar)。当系统水温升高或由于其他原因引起压力增大时，储压罐内气囊被压缩，管路中的一部分水进入储压罐。当储压罐内气体压力与管路压力达到某种平衡关系时，管路压力保持不变这样，原本较大的压力变化被储压罐缓冲，压降变得较小；当温度降低或由于其他原因引起系统压力减小时，储压罐会减缓压力的下降幅度，从而保证水冷系统工作在一个系统压力相对比较平稳的环境下。

压力平衡罐内氮气的静压力和管道中的静压力必须保持一定的平衡关系，使得系统在停机的状态下，储压罐中的水位处在靠近中间的位置。这样做的好处是，当系统压力升高时，储压罐中的气囊有足够的空间来缓冲增高的压力，而当系统压力降低时，又有足够的余地让水位下降，而不至于无法缓冲管道中的低压影响。如果不这么做，储压罐中的压力过高或过低，会影响高压或低压的缓冲效果。

五、温度传感器与压力传感器

水泵出口设有铜热电阻 PT100(进阀温度传感器)，用来检测混合液温度，并根据此温度通过电气系统控制电加热器的启/停，控制水/风冷却装置风扇电机的启/停。另外在变流器出口也设有一个 PT100，用来检测冷却液在变流器后的回水温度。

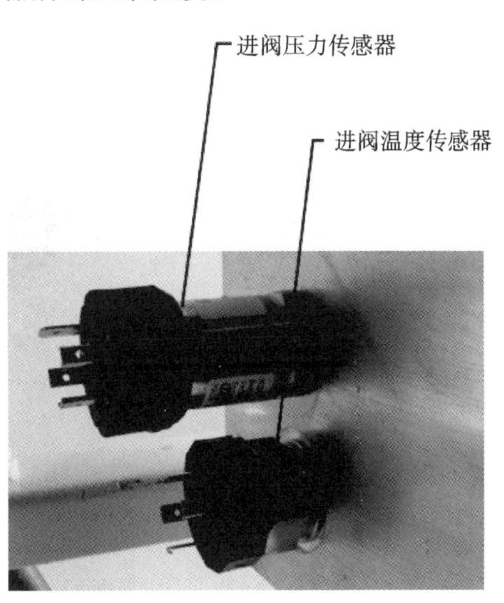

图 3-6　温度与压力传感器

当 $T_{max}<12$ ℃时，电加热器加热；

当 $T_{max}>18$ ℃时，电加热器停止加热(变流器有加热请求时，仍然会加热)；

当 $T>32$ ℃时，水/风冷却 F1 风扇开始工作；

当 $T>35$ ℃时，水/风冷却 F2 风扇开始工作；

当 $T>38$ ℃时，水/风冷却 F3 风扇开始工作；

当 $T<36$ ℃时，水/风冷却 F3 风扇停止工作；

当 $T<33$ ℃时，水/风冷却 F2 风扇停止工作；

当 $T<30$ ℃时，水/风冷却 F1 风扇停止工作。

注：T_{max}表示进阀温度和出阀温度中较大的一个；

T 表示进阀温度值。

在变流器的进口和出口分别设有 2 个压力传感器，主要用来检测进变流器的压力（进阀压力）和出变流器的压力（出阀压力）。SWITCH 变流器内部压损为 0.5 bar，由于管路本身也有压损，所以当系统静态压力为 3.6 bar 时，水冷运行后进阀压力为（2.5±0.3）bar，出阀压力为（0.9±0.3）bar。通过进阀压力和出阀压力的压差计算出水冷系统的流量，即为就地面板上显示的水冷流量。

六、水冷系统倍福模块

1. BK3150

BK3150 是供电端子，可插在输入和输出端子之间的任意位置，以构建一个电位组，或给右侧端子供电。供电端子提供的电压最高为交流 230 V。具有诊断功能的端子可向控制器报告电压故障或短路。来自诊断端子的功能和电子数据，类似于 2 通道电压输入端子。

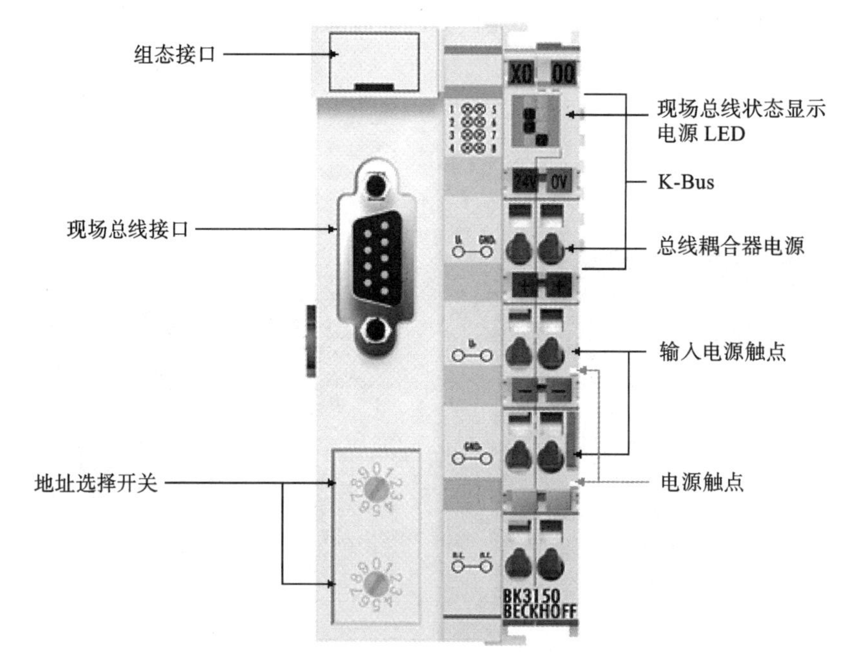

图 3-7　水冷系统倍福模块

表 3-1　技术参数

技术参数	BK3150
总线端子模块数量	64（通过 K-Bus 扩展可达 255）

续表

技术参数	BK3150
现场总线的最大字节数	128 b 输入和 128 b 输出
数据传输速率	自动检测，最大 12 MBaud
总线接口	1 个 D-sub 9 针接口，带屏蔽
电源	24 V DC(－15％～20％)
输入电流	大于 70 mA(总 K-Bus 电流)/最大 4500 mA
K-Bus 供电电流	1000 mA
电源触点	最大 24 V DC/最大 10 A
电气隔离	500 Vrms(电源触点/电源电压/现场总线)
质量	约 100 g
工作/储藏温度	0 ℃～＋55 ℃/－25 ℃～＋85 ℃
相对湿度	95％，无冷凝
抗振/抗冲击性能	符合 EN 60068-2-6/EN 60068-2-27/29 标准
抗电磁干扰/抗电磁辐射性能	符合 EN 61000-6-2/EN 61000-6-4 标准
防护等级/安装位置	IP 20/可变

2. KL1104

KL1104 是数字量输入端子，从现场设备获得二进制控制信号，并以电隔离的信号形式将数据传输到更高层的自动化单元。KL1104 带有输入滤波。每个总线端子含 4 个通道，每个通道都有一个 LED 指示其信号状态。KL1104 特别适合安装在控制柜内以节省空间。

3. KL2134

KL2134 是数字量输出端子，将自动化控制层传输过来的二进制控制信号以电隔离的信号形式传到设备层的执行机构。KL2134 有反向电压保护功能。每个总线端子含 4 个通道，每个通道都有一个 LED 指示其信号状态。

4. KL3204

KL3204 是模拟量输入端子，可直接连接电阻型传感器。总线端子电路可使用线制连接技术连接传感器。整个温度范围的线性度由一个微处理器来实现。温度范围可以任意选定。总线端子的标准设置为：PT100 传感器，分辨率为 0.1 ℃。故障 LED 显示传感器故障(如断线)。KL3204 含 4 个通道。

5. KL9010

KL9010 是总线末端端子，可用于总线耦合器和总线端子之间的数据交换。每一个站都可在右侧使用 KL9010 作为总线末端端子。总线末端端子不具有任何其他功能或连接能力。

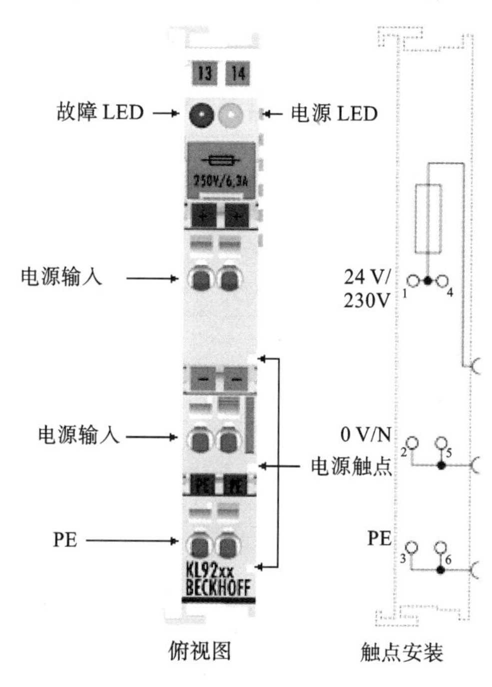

图 3-8　供电端子倍福模块

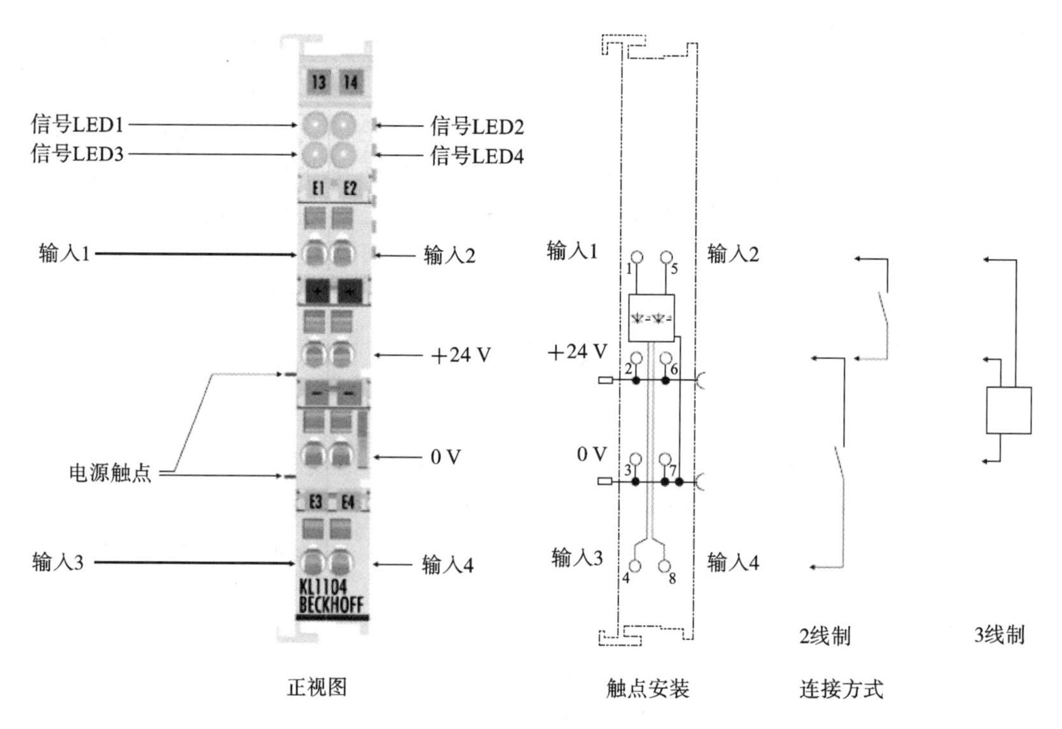

图 3-9　水冷系统倍福模块 1

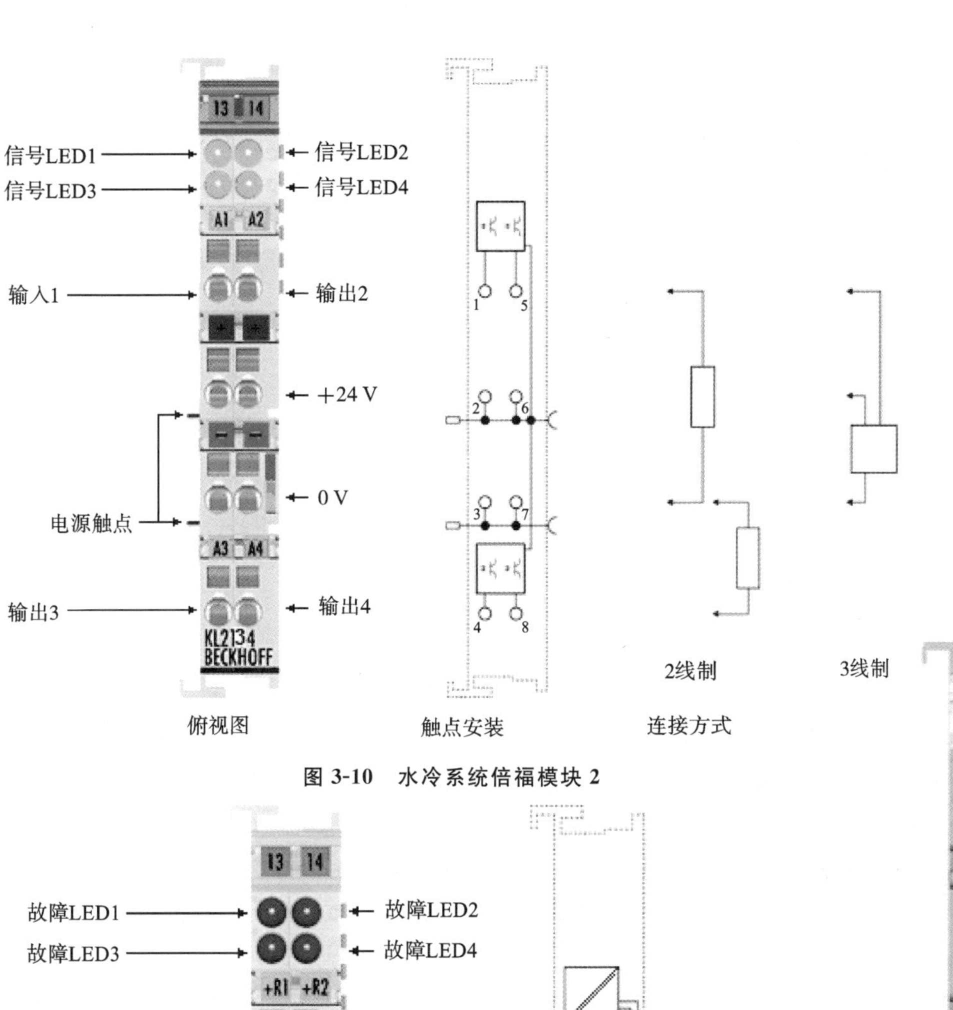

图 3-10 水冷系统倍福模块 2

故障LED1
故障LED2
故障LED3
故障LED4
+R1
+R2
−R1
−R2
+R3
+R4
−R3
−R4
KL3204
BECKHOFF
+R
−R
+R
−R
2线制

图 3-11 水冷系统倍福模块 3

图 3-12 水冷系统倍福模块 4

第二节　水冷系统故障处理

一、进阀压力故障

故障原因分析：

(1) 进阀压力超出了程序设定值。

(2) 变流器下方的锥形滤网堵塞。

(3) 混合液有结冰现象，成为冰水混合物。

(4) 进阀压力传感器接错位置。

(5) 进阀压力传感器损坏。

(6) 压力平衡罐损坏。

故障排查过程如下。

第一步：查看故障时的 f 文件，进阀压力正常值应该为 −0.3～4.2 bar，如果超出了这个范围就会报此故障。重新启动水冷系统，观察出阀压力是否正常，排除电磁干扰造成的故障。

第二步：如果 f 文件显示进阀压力超过 4.2 bar，这时静态压力低于 3.6 bar(要求静态压力为 3.6 bar)，则说明水冷管路有堵塞现象，请检查变流器下方的锥形滤网，并进行彻底清理。

第三步：如果 f 文件显示进阀压力低于 −0.3 bar，这时如果静态压力高于 2 bar(要求静态压力为 3.6 bar)，说明进阀压力有异常，如果是冬天请确定散热器内是否为冰水混合物，并用冰点测试仪测量混合液冰点值，保证冰点值满足现场要求。

第四步：检查进阀压力传感器是否接错位置，应该接在三通阀阀块的右侧，不应该接在膨胀罐上方的阀块上。

第五步：如果以上都是正常的，则检查进阀压力传感器接线是否松动或错误；在保证其接线正确可靠的情况下，如果还有问题，则更换进阀压力传感器。

第六步：请检查在不同温度下系统压力变化情况，因为有压力平衡罐，正常情况下系统压力随温度变化不太明显，但是如果压力平衡罐损坏，整个系统就没有了压力平衡能力，所以系统压力随混合液温度的升高会迅速升高，从而导致此故障，此时请更换压力平衡罐。

出阀压力故障原因分析：

(1) 变流器下方的锥形滤网和水冷柜管路内滤网堵塞。

(2) 混合液有结冰现象，成为冰水混合物。

(3) 进阀压力传感器损坏。

(4) 在调试的时候加水过多，导致压力平衡罐内无法再补入或放出气体。

故障排查过程如下。

第一步：查看故障时的 f 文件，进阀压力正常值应该为－0.3～5.5 bar，如果超出了这个范围就会报此故障。重新启动水冷系统，观察出阀压力是否正常，排除电磁干扰造成的故障。

第二步：如果 f 文件显示进阀压力超过 5.5 bar，这时如果静态压力低于 1.2 bar（要求静态压力为 1.2 bar），说明水冷管路有堵塞现象，请检查变流器下方的锥形滤网和水冷柜内滤网，并将两个滤网进行彻底清理。

第三步：如果 f 文件显示进阀压力低于－0.3 bar，这时静态压力高于 0.8 bar（要求静态压力为 1.2 bar），说明进阀压力有异常。如果是冬天请确定散热器内是否为冰水混合物，并用冰点测试仪测量混合液冰点值，保证冰点值满足现场要求。

第四步：如果以上都是正常的，则检查进阀压力传感器接线是否松动或错误。在保证其接线正确可靠的情况下，如果还有问题，则更换进阀压力传感器。

第五步：检查在不同温度下系统压力变化情况，因为有压力平衡罐的作用，正常情况下系统压力随温度变化不太明显，但是如果压力平衡罐内没有足够的气体，整个系统就没有了压力平衡能力，所以系统压力随混合液温度的升高会迅速升高，从而导致此故障。此时放掉少量的混合液试一下。如果还是不可以，则检查补气泵和电磁排气阀能否正常补气和排气工作，如果还不行，则检查补气泵或自动排气阀回路。

二、进阀压力低

故障原因分析：

（1）水冷系统缺水使系统进阀压力低于 0.9 bar。

（2）水冷系统混合液有轻微结冰现象（冬天），冰水混合物在水泵入口堆积，导致此故障。

（3）压力平衡罐损坏。

（4）水泵电机的轴封损坏，此处渗水。

故障排查过程如下。

第一步：检查水冷系统有无明显渗水现象，主要检查地点有水冷柜内各个水管接头处、散热器水管接头处、变流器水管接头处、水管本身、变流器内部各个水管接头处等，保证这些地方没有渗水的现象。

第二步：检查水冷系统静态压力，如果水冷系统静态压力低于 2.5 bar，则给系统补水至静态压力到 3.6 bar。

第三步：如果水冷系统静态压力高于 2.5 bar，且在冬天，则测试其混合液冰点值，保证其冰点值符合现场要求。也可以先在散热器处放出一些混合液进行查看，看是否有冰水混合物，如果有，则给系统添加乙二醇以保证其正确冰点值。

第四步：检查溢流阀有无溢流现象，保证在系统压力低于 3.6 bar 的情况下溢流阀不动作。

第五步：如果以上都没有问题，但是出现一个现象，就是每次加水满足要求后，当时运行没有问题，但是一般会在 1～3 天后报此故障。再次加混合液满足要求后，又是出现同样的问题。这时，请更换压力平衡罐，其内部隔膜已经损坏。

第六步：检查主循环泵和电机的中间是否有渗水现象，如果有说明轴封损坏，请更换主循环泵或找厂家修理。

三、进阀压力高

故障原因分析：

（1）进阀压力传感器损坏。

（2）溢流阀不能可靠动作。

（3）变流器侧锥形滤网堵塞。

（4）压力平衡罐损坏。

故障排查过程如下。

第一步：查看 f 文件里的进阀压力，并查看当时静态压力，如果静态压力高于 3.6 bar，则给系统放水至 3.6 bar。

第二步：检查进阀压力传感器的接线，保证其接线正确和接线牢固。

第三步：手动检查安全溢流阀是否可以正常动作，在保证其可以手动正常动作的情况下，请运行水冷系统。此时观察就地压力表，如果此时仍然大于 5 bar（当进阀压力大于 5 bar 时，报此故障），溢流阀没有动作，请更换安全溢流阀。

第四步：检查变流器侧锥形滤网，并进行彻底清洗。

第五步：如果就地压力表和就地监控面板显示的压力值都是正常的，但仍然报此故障，则更换进阀压力传感器。

第六步：请检查在不同温度下系统压力变化情况，因为有压力平衡罐，正常情况下系统压力随温度变化不太明显，如果压力平衡罐损坏，整个系统就没有了压力平衡能力，所以系统压力随混合液温度的升高会迅速升高，从而导致此故障。此时请更换压力平衡罐，其内部隔膜已经损坏。

四、温度比较故障

故障原因分析：

（1）水冷系统实际流量低，导致温差大。

（2）冬天机组刚启动的情况下。

（3）三通阀工作不正常。

注：当出阀温度与进阀温度之差小于−1.5 ℃或大于 5 ℃时，水冷系统会报此故障。

故障排查过程如下。

第一步：查看故障 f 文件，如果是出阀温度与进阀温度之差大于 5 ℃的故障，请检查系统的进阀压力和出阀压力是否正常，如果进阀压力低于 1.8 bar，则给系统补水。如果进出阀压差大于 1.8 bar，则检查变流器侧锥形滤网并彻底清洗。

第二步：冬天机组刚启机的时候，因为水冷系统是给变流器加热，进阀温度会高于出阀

温度,所以当出阀温度与进阀温度之差低于−1.5 ℃时,机组也会报温差比较故障。此种故障率很低,如果发生,强制水冷系统运行几分钟即可排除故障。

第三步:检查报此故障时进阀温度都在多少摄氏度,如果都在27 ℃附近,很有可能是三通阀在开启外循环时控制精度有问题,导致报此故障。此种情况多发生在冬天,如果有此情况,则更换三通阀。

五、出阀温度故障

故障原因分析:

(1) 出阀温度传感器接线错误或接线松动。

(2) 出阀温度传感器损坏。

(3) 电磁干扰。

故障排查过程如下。

第一步:检查出阀温度传感器的接线,保证其接线正确和接线牢固。

第二步:更换出阀温度传感器。注:当出阀温度 $T>105$ ℃或 $T<-55$ ℃时,会报此故障。

六、压力比较故障

故障原因分析:

(1) 混合液冰点值偏高,导致冬天混合液为冰水混合物。

(2) 压力传感器接线松动或损坏。

注:进阀压力与出阀压力之差大于4 bar或低于0.5 bar时,会报此故障。

故障排查过程如下。

第一步:检查进阀压力和出阀压力,如果其压差小于0.5 bar,则用冰点仪测量水冷系统混合液冰点值,保证其冰点值符合当地的环境要求。另外,在散热器下口放出一些混合液,检查是否为冰水混合物,如果是,请补加乙二醇,并保证其冰点值符合要求。

第二步:检查压力传感器数值是否正常,并保证其接线正确可靠。如果仍有压力异常,则更换压力传感器。

七、散热风扇故障

故障原因分析:

(1) 大于1个风扇电机出现故障。

(2) 风扇电机对应的接触器故障。

(3) 风扇电机的控制信号线或反馈信号线接线错误。

故障排查过程如下。

第一步:在水冷控制柜内检查风扇电机对应的电机保护断路器是否跳闸。如果电机保护断路器有跳闸现象，则检查电机保护断路器本身的电流设定值是否正确，三个风扇的电流设定值为 5 A，两个风扇的电流设定值为 9 A，保证电流设定正确。然后检查风扇电机的动力电缆接线是否牢固，保证接线正确和绝缘可靠。

第二步：检查风扇电机对应的接触器是否吸合正常，当接触器线圈得电后要保证其吸合正常，并且其辅助触点动作正常。

第三步：当 PLC 模块对应的风扇启动信号输出时，查看其对应的中间继电器（154K7、154K8、154K10）是否动作（应该动作亮灯），保证中间继电器正常。然后检查并保证其对应的接触器（153K5、153K7、153K9）线圈正常得电（AC 230 V）。

八、进阀温度高

故障原因分析：

（1）水冷系统缺水导致流量低。

（2）变流器侧锥形滤网堵塞。

（3）散热器板翅有积尘，降低了散热能力。

（4）环境温度过高。

（5）三通阀损坏或生锈，不能正常动作。

故障排查过程如下。

第一步：检查水冷系统，其静态压力应大于 3 bar，如果静态压力偏低，则检查水冷系统有没有渗水的地方，在保证没有渗水时给水冷系统加水至 3.6 bar。

第二步：查看动态压力，进阀压力与出阀压力之差应该在 1.3 bar 左右。如果其压差过高（大于 1.8 bar），则检查变流器侧锥形滤网，并彻底清洗此滤网。

第三步：检查散热器板翅，如果散热器板翅内积尘过多会严重影响散热效果，则及时清理散热器板翅内积尘和杂质。

第四步：查看环境温度，贺德克水冷实际运行参数——工作环境温度为 40 ℃。

第五步：当混合液温度高于 25 ℃后，三通阀会逐渐打开，开始走外循环，如果混合液温度到了 30 ℃后系统还没有走外循环，则说明三通阀有损坏或生锈现象，三通阀不能正常工作，请更换三通阀。

九、水冷加热故障

故障原因分析：

（1）加热器控制信号线或反馈信号线接线错误或接线松动。

（2）加热器对应的电机保护断路器跳闸。

（3）加热器对应的接触器或中间继电器不能正常吸合或工作。

故障排查过程如下。

第一步：按照图纸检查加热器控制信号线和反馈信号线接线是否正确，线路通畅，并保证其接线牢固可靠。

第二步：查看加热器对应的电机保护断路器是否跳闸，并按要求正确设定其保护电流值（9 A），保证电机保护断路器是闭合状态。

第三步：当PLC输出加热器动作的信号时，检查并保证其对应的中间继电器动作，且其对应的接触器线圈也得电动作。如果中间继电器或接触器有不能正常动作现象，则更换。

十、水冷系统流量低

故障原因分析：

（1）水冷系统缺水。

（2）变流器侧锥形滤网堵塞。

（3）传感器损坏。

注：当水冷系统流量低于140 L/min时，水冷系统会报此故障。

故障排查过程如下。

第一步：检查系统压力是否正常以及系统是否有渗水的地方。如果有渗水的地方，则及时处理；如果有缺水的现象，则给系统补水至静态压力3.6 bar。

第二步：如果以上正常，系统仍然报流量低故障，则检查变流器侧锥形滤网并彻底清洗。

第三步：检查进出阀压力值是否有异常现象，并保证其接线正确可靠，如果有异常现象，则更换。

第四步：以下是流量和压差之间的计算关系，以供参考。

```
IF hydac_pressure_error>=2.9 THEN
hydac_flow_measurement:=0;ELSE IF
hydac_pressure_error>=2.55 AND hydac_pressure_error<2.9 THEN
hydac_flow_measurement:=(290-hydac_pressure_error*100)*5;ELSE IF
hydac_pressure_error>=2.03 AND hydac_pressure_error<2.55 THEN
hydac_flow_measurement:=(328-hydac_pressure_error*100)*2.41;ELSE IF
hydac_pressure_error>=1.3 AND hydac_pressure_error<2.03 THEN
hydac_flow_measurement:=(407-hydac_pressure_error*100)*1.47;ELSE
hydac_flow_measurement:=400;
```

十一、进阀压力超高

故障原因分析：

（1）进阀压力传感器损坏。

（2）溢流阀不能可靠动作。

（3）变流器侧锥形滤网堵塞。

（4）压力平衡罐损坏。

故障排查过程如下。

第一步：查看f文件里的进阀压力，并查看当时静态压力，如果静态压力高于3.6 bar，请给系统放水至 3.6 bar。

第二步:检查进阀压力传感器的接线,保证其接线正确和接线牢固。

第三步:手动检查安全溢流阀是否可以正常动作,在保证其可以手动正常动作的情况下,请运行水冷系统。此时观察就地压力表,如果此时仍然大于5.5 bar(当进阀压力大于5.5 bar 时,报此故障),溢流阀没有动作,则更换安全溢流阀。

第四步:检查变流器侧锥形滤网,并进行彻底清洗。

第五步:如果就地压力表和就地监控面板显示的压力值都是正常的,仍然报此故障,则更换进阀压力传感器。

第六步:请检查在不同温度下系统压力变化情况,因为有压力平衡罐,正常情况下系统压力随温度变化不太明显,但是如果压力平衡罐损坏,整个系统就没有了压力平衡能力,所以系统压力随混合液温度的升高会迅速升高,从而导致此故障,此时请更换压力平衡罐,其内部隔膜已经损坏。

进阀压力超低故障原因分析:

(1) 水冷系统缺水,使系统进阀压力低于 0.7 bar。

(2) 水冷系统混合液有轻微结冰现象(冬天),冰水混合物在水泵入口堆积,导致此故障。

(3) 压力平衡罐损坏。

(4) 水泵电机的轴封损坏,此处渗水。

故障排查过程如下。

第一步:检查水冷系统有无明显渗水现象,主要检查地点有水冷柜内各个水管接头处、散热器水管接头处、变流器水管接头处、水管本身、变流器内部各个水管接头处等,保证这些地方没有渗水的现象。

第二步:检查水冷系统静态压力,如果水冷系统静态压力低于 2.5 bar,则给系统补水至静态压力到 3.6 bar。

第三步:如果水冷系统静态压力高于 2.5 bar,且在冬天,则测试其混合液冰点值,保证其冰点值符合现场要求。也可以先在散热器处放出一些混合液进行查看,看是否有冰水混合物,如果有,则给系统添加乙二醇以保证其正确冰点值。

第四步:检查溢流阀有无溢流现象,保证在系统压力低于 3.6 bar 的情况下溢流阀不动作。

第五步:如果以上都没有问题,但是出现一个现象,就是每次加水满足要求后,当时运行没有问题,但是一般会在 1～3 天后报此故障。再次加混合液满足要求后,又出现同样的问题。这时,请更换压力平衡罐,其内部隔膜已经损坏。

第六步:检查主循环泵和电机的中间是否有渗水现象,如果有,则说明轴封损坏,更换主循环泵或找厂家修理。

教学提示:

本章主要介绍风力发电机组的水冷系统,水冷系统主要是为变流系统散发热量,使变流系统保持恒定温度运行。通过本章学习,学生应能了解水冷系统的元器件及工作原理,能处

理水冷系统的故障，满足运维工程师的要求。教学中通过对水冷系统的学习与训练，培养学生勇于探索，勤于实践的习惯；通过水冷系统对故障处理，学生应能认识到企业实际应用与校内教学的差别，培养学生善于思考和应变能力。按照检修班组的工作程序进行实训排故，通过分工合作解决问题，培养学生的团队协作精神。

第四章　变流系统

第一节　变流系统功能

变流器在风机系统中的主要作用是把风能转换成适应于电网的电能，反馈回电网。发电机发出交流电，此交流电的电压和频率都很不稳定，随叶轮转速的变化而变化，经过电机侧整流单元(或称 INU)整流，变换成直流电，送到直流母排上，再通过逆变单元(或称 AFE)把直流电逆变成能够和电网相匹配的形式送入电网。为了保护变流器系统的稳定，此外还有一个过压保护单元(CHOPPER)，当某种原因使得直流母线上的能量无法正常向电网传

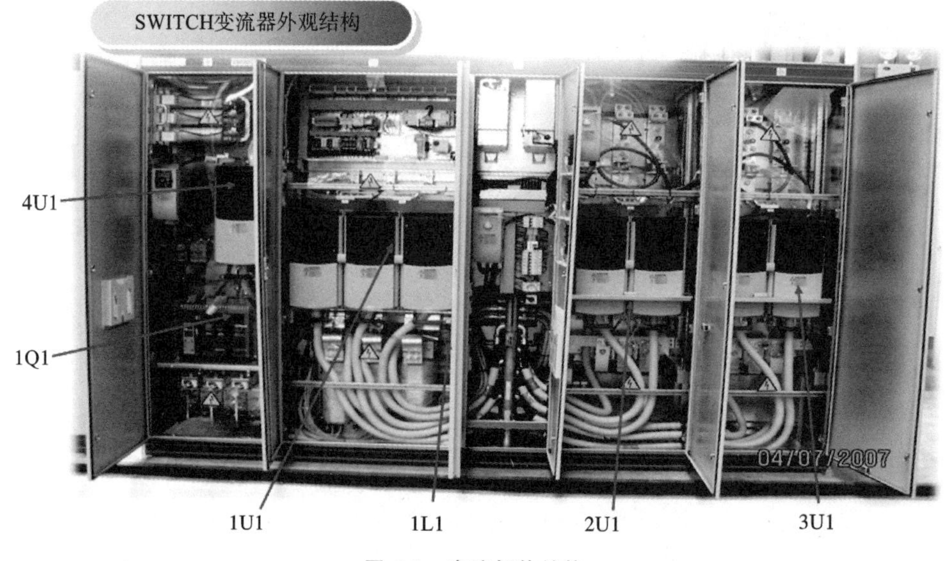

图 4-1　变流柜体结构

递时，它可以将多余的能量在电阻上通过发热消耗掉，以避免直流母线电压过高造成器件的损坏。

该变流器采用了主动整流的方式来控制发电机侧、网侧功率单元，其控制方式为分布式控制，也即网侧和发电机侧各有独立的控制器，控制器间通过CAN总线进行通信，从主控角度看，1U1是主控制器，变流器和主控之间的信息交换通过1U1完成，并再由其转发到其他功率单元。

第二节　变流系统的参数

1. 网侧功率模块(1U1)

型号：NXP1900_6(chassic 64)；

额定电压：525～690 V AV(－10%～＋10%)；

额定电压：640～1100 V DC；

热电流：1900 A；

额定连续电流：1700 A；

功率因数：可调的。

2. 功率模块

型号：NXP750_6(chassic 63)；

额定电压(AC)：525～690 V AC(－10%～＋10%)；

额定电压(DC)：640～1100 V DC；

热电流：750 A；

额定连续电流：682 A；

功率因数：可调的，根据负载和电流的使用来调节。

3. 直流制动功率模块(4U1)

型号：NXP502_6(chassic 62)；

额定电压(AC)：525～690 V AV(－10%～＋10%)；

额定电压(DC)：640～1100 V DC；

热电流：502 A；

额定连续电流：456 A；

功率因数：1(连接到电阻负载)。

4. 网侧断路器(1Q1)

型号：Masterpact NW16 N1；

额定电流：1600 A；

额定电压(相电压)：440 V。

5. 网侧断路器(2Q1、2Q2)

型号：Compact NS800N；

额定电流:800 A;

额定电压(相电压):440 V。

第三节　变流系统功率模块检查

1. 目的

当变流柜内功率模块出现损坏时,必须对柜内除4U1以外的所有模块(1U1、2U1、3U1)进行检查,防止故障扩大化。

2. 检查工具

检查工具为万用表。

3. 检查方法

将万用表设为二极管挡后进行检查。

红表笔测量 B+	黑表笔分别测量三相交流母排	示数不断增加
红表笔测量 B−		0.3xxV
黑表笔测量 B+	红表笔分别测量三相交流母排	0.3xxV
黑表笔测量 B−		示数不断增加

注:二极管导通压降为0.3xxV左右,请在《Switch变流器现场故障处理表》中记录所有模块上、下桥臂二极管导通压降。该方法适用于1U1、2U1、3U1。

如果现场测量值和正常值不符,则说明功率单元内部的IGBT模块异常,不建议继续使用,请更换。

4. 测量实例(2U1)

测量前请将塑料盖板打开,测量后请将塑料盖板恢复原状。盖板紧固螺钉如下图所示。

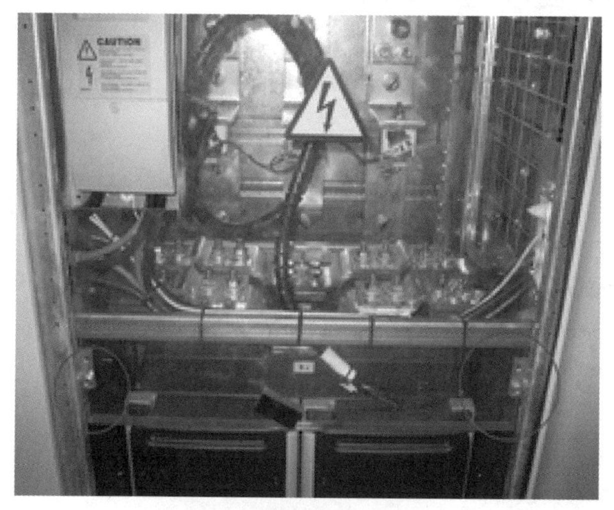

图4-2　柜体盖板螺栓指引

(1) 红表笔测量 B+(直流正),黑表笔分别测量三相交流母排,万用表示数不断增加。

(2) 红表笔测量 B−(直流负),黑表笔分别测量三相交流母排,万用表示数为 0.3xx(二极管导通压降)保持不变。

(3) 黑表笔测量 B+(直流正),红表笔分别测量三相交流母排,万用表示数为 0.3xx(二极管导通压降)保持不变。

(4) 黑表笔测量 B−(直流负),红表笔分别测量三相交流母排,万用表示数不断增加。

注:如果怀疑 4U1 损坏,请将 4、5 柜内的端子排连接制动电阻的电缆(U、V、W),拆除后方可测量,测量方法与其他模块一样。测量完后需要按照要求对制动电缆(U、V、W)进行恢复。

第四节　变流系统故障处理

一、发电机断路器故障

故障原因分析:

(1) 霍尔传感器接线松动。

(2) Gencurrent moudle 模块损坏。

(3) 机舱柜到断路器接线松动。

(4) 断路器本身接线松动或者线圈损坏。

(5) 断路器机械故障。

故障排查过程如下。

第一步:检查霍尔传感器是否松动或者脱落,霍尔传感器本身的接头是否存在虚接现象,每个霍尔传感器都插拔一次或者轻轻拨动,这个过程中会伴随有过流模块内继电器的吸合与释放,可以听到声音,如果轻轻地拨动会有吸合和断开声音,说明霍尔传感器与插针之间有虚接,将其固定住。如果没有问题,则排查下一个故障点。

第二步:检查机舱到断路器的接线有没有松动,断路器本身的吸合信号线和反馈线路都没有虚接,一般机组在运行一段时间后,出现断路器不吸合最多的原因都是线路虚接,所以重点先查线。如果没有问题,则排查下一个故障点。

第三步:检查过流模块内部是否有线虚接,继电器是否能够吸合,测量其 24 V 电压是否正常,如果存在问题,有可能模块本身存在问题,更换过流检查模块。过流检查模块检测两相电流差值大于 100 A 就会跳断路器。如果没有问题,则排查下一个故障点。

第四步:检查断路器吸合继电器和线圈,其供电是否正常,继电器或线圈是否损坏,如果都正常,则判断是否为机械故障。

二、直流电压低故障——变流器

故障原因分析：

(1) 变流板计算误差。

(2) 变流板故障。

(3) 检测回路高压 I/O 板问题。

(4) 检查回路内连接线路干扰、接地是否良好。

(5) 变流板 24 V 供电电源信号干扰。

(6) 主回路问题，存在直流母线间及母线对地短路、IGBT 损坏或其母线支撑电容损坏。

(7) 变流子站模块问题。

故障排查过程如下。

第一步：检查变流板上 U dc min 指示灯是否亮红灯，如果没有亮灯，肯定是信号干扰误报，检查接地是否良好，变流板到模块接线是否有虚接。

第二步：如果指示灯亮了，则检查逆变单元及斩波升压单元 IGBT 是否有损坏，母排间或者对地是否有放电现象。如果没有问题，则进入下一步排查。

第三步：变流板内部计算误差，将变流板断电 5 分钟，重新上电启动机组，如果还报故障，更换变流板，变流板如果没有问题，则进入下一步排查。

第四步：检查高压 I/O 板与变流板 25 针连接线是否有虚接、干扰，若有，则更换连接线，将连接头紧固。如果没有问题，则进入下一步排查。

第五步：高压 I/O 板检测回路是否有线虚接，如果没有，则更换高压 I/O 板。如果没有问题，则进入下一步排查。

第六步：更换主控 24 V UPS 电源，如果 UPS 电源输出电压对变流板有干扰，那么会经常报这个故障。如果没有问题，则进入下一步排查。

第七步：检查变流板后面板与变流子站连接的 37 针模拟信号线，以及其连接的模块是否有问题，若有，则更换。

第八步：在故障文件中看发电机断路器跳线是否报在母线电压低故障前面，有可能发电机断路器跳线导致母线电压低。

塔底风扇运行故障原因分析：

(1) 14K9 继电器的 21、24 控制线圈没有吸合。

(2) 变频器 13A7 的 22、24 控制继电器没有吸合。

(3) 运行反馈回路内接线虚接。

(4) 主控内模块损坏。

故障排查过程如下。

第一步：将变频器调到本地控制状态，启动风机，看主控上对应模块是否有反馈，如果有反馈，并且风扇正常运行，则说明变频器回路内部继电器和接线、模块都没有问题，进入下一步排查。

第二步：用万用表测量 14K9 继电器的 21 端子电压是否为 24 V，如果是，则在程序上给风扇一个启动信号，再用万用表测量24端子电压是否为24 V。一般情况下，由于继电器内部本身的缺陷，端子内部很容易虚接，或者继电器与变频器连接的线有虚接，这是关键排查点。如果有问题，则在更换14K9继电器、牢固接线，以及端子与继电器接线时，注意不要用力往里紧固，否则容易损坏继电器内部线圈。这一步对应检查是主控上有反馈情况下所采用的检查方法。如果没有问题，则进入下一步排查。

第三步：如果没有反馈，14K9继电器问题全部排除后，在程序里面远程控制给出启动信号，运行反馈信号还没亮，检查变频器内部22、24控制的线圈是否能够正常吸合，检查其24 V供电电源，或者强制给22端子24 V电压。如果能够正常吸合并且将24 V送到模块，但继电器有问题，则更换变频器；如果没有问题，则确定24 V电压是否送到模块，剩下就应该是模块本身问题了。

三、塔底风扇反馈丢失

故障原因分析：

(1) 风扇本身故障。

(2) 变频器13A7的25、27控制继电器是否正常。

(3) 变频器到主控模块的反馈回路接线虚接。

(4) 模块问题或者电网问题及400 V供电问题。

故障排查过程如下。

第一步：检查风扇是否损坏，风扇接线是否有问题。

第二步：检查变频器面板是否报故障，如果变频器报故障，按照故障代码查询相应故障。

第三步：用万用表测量变频器反馈回路上的继电器是否正常，变频器设置是否正确。

第四步：变频器也有整流、逆变单元，如果变频器本身有问题或者信号受到干扰，则可能导致故障产生。

四、主断路器故障

故障原因分析：

(1) 变流板—高压I/O板—断路器控制信号回路及反馈信号回路存在问题。

(2) 断路器本身控制信号回路存在问题。

(3) 断路器230 V供电是否有虚接。

(4) 主空开机械问题，脱口线圈动作不到位。

故障排查过程如下。

第一步：检查变流板前面板预充电继电器吸合反馈FBmain灯是否亮，高压I/O板上是否送出了主空开吸合信号(D9灯是否亮)，如果灯没亮，则看预充电接触器吸合控制信号和反馈信号的灯是否亮，如果这两个灯都没亮，则先查预充电回路的问题。确定预充电没有问题后，检查高压I/O板D9灯是否有问题，或者高压I/O问题，检查信号控制回路内接线。如果D9灯亮，而反馈回路接线没有问题，则进入下一步排查。

第二步：直流母线电压达到 420 V 后，D9 灯亮，说明吸合信号已经送出，检查 4K6 是否有问题，如果 24 V 已经送到断路器，而断路器没有吸合，重点检查 W4.1 和 W4.2 这两根线，这为现场接线，一个是主空开储能电机所用，另一个是远程控制电缆。如果线路都没有虚接，则进入下一步排查。

第三步：检查延时继电器 11K3 是否有问题，如果继电器没有问题，则将延时继电器的延长时间增长些，出厂设定为 1 s，作用就是使得在欠压脱口线圈吸合 1 s 以后，合闸线圈再吸合，合闸线圈吸合以后才会有反馈信号。在冬季调试或者较寒冷的地区、风沙大的地区，断路器的反应本身就会有延时，在 1 s 内可能欠压脱口线圈还没能吸合，所以导致合闸线圈也不能吸合。处理方法：将延时继电器的延时调节旋钮调大些，如 3 s，再进行吸合试验，吸合后，将延时时间调回原来值。如果这些都没有问题，则进入下一步检查。

第四步：检查欠压脱口线圈是否烧毁，如果没有异常，断开箱变电源，手动储能、释放，看脱扣器是否能吸合且不脱扣；检查机械结构卡得是否到位，如果不到位，可以适当调节脱口线圈底部的螺栓，或者手动按压脱口线圈，使其润滑均匀。可以联系厂家更换脱口线圈。如果还有问题，则可能是机械机构的问题。

五、网侧三相电流不平衡

故障原因分析：

(1) 变流板计算误差。

(2) 电流互感器本身问题。

(3) 高压 I/O 板问题或电流互感器与高压 I/O 板接线问题。

(4) 25 针变流板连接线问题。

(5) 变流板问题或检测模块问题。

(6) 网侧滤波电容问题。

(7) 网侧逆变 IGBT 问题。

故障排查过程如下。

第一步：首先用万用表检查网侧 IGBT 有没有问题，如果网侧 IGBT 损坏、IGBT 驱动线缆有问题、变流板信号有问题，则会导致三相电流不平衡。如果没有问题，则进入下一步排查。

第二步：检查高压 I/O 板上电流互感器接线是否有问题，如接反或者虚接。检查高压 I/O板是否有问题，25 针连接线是否有虚接。如果没有问题，则进入下一步排查。

第三步：变流板计算误差，将变流板断电 5 分钟，再启动机组，如果远程可以限功率运行几个小时，等误差调节平衡后，再放开功率。如果没有解决，则进入下一步排查。

第四步：维护状态下，检查网侧滤波电容投切是否正常，网侧滤波电容控制回路是否有线虚接。如果没有问题，则进入下一步排查。

第五步：低温或者随着机组运行时间增长，电流互感器可能会出现问题，更换电流互感器。也有可能是主控内模块出现问题。

典型故障：机组报三相电流不平衡、主控电流高故障。

现象：a相电流低，b、c相电流高。

故障处理过程如下。

(1) 用示波器测量电流，发现电流不平衡后更换变流板，启机并网后报IGBT5故障。

(2) 单独测试IGBT5不调制，将IGBT5和IGBT4换下位置，在拆出IGBT5时发现已经损坏，准备更换IGBT5。

(3) 换好IGBT5后，并网运行几分钟后停机报故障，可以自启，检查发现IGBT5交流侧到电抗器连接母排由于虚接损坏。

和此现象相同的故障：可能网侧IGBT的一相有损坏，如a相电流低，b、c相电流高，就需要检查a相所对应的IGBT是否损坏，因为有时候IGBT即使损坏，有可能不报故障，变流板发出的开关信号收不到，但反馈信号还正常。这样的故障比较典型，注意分析和观察数据。

六、直流电压高故障——变流器

故障原因分析：

(1) 变流板计算误差。

(2) 变流板故障。

(3) 检测回路高压I/O板问题。

(4) 检查回路内连接线路干扰、接地是否良好。

(5) 变流板24 V供电电源信号干扰。

(6) 逆变单元IGBT是否有问题。

(7) 变流子站模块问题。

故障排查过程如下。

第一步：检查变流板上U dc min指示灯是否亮红灯，如果没有亮灯，则肯定是信号干扰误报，检查接地是否良好，变流板到模块接线是否有虚接。

第二步：如果指示灯亮了，首先检查逆变单元及斩波升压单元IGBT是否有损坏。如果没有问题，则进入下一步排查。

第三步：变流板内部计算误差，将变流板断电5分钟，重新上电启动机组，如果还报故障，则更换变流板；如果没有问题，则进入下一步排查。

第四步：检查高压I/O板与变流板25针连接线是否有虚接、干扰，更换线，将连接头紧固。如果没有问题，则进入下一步排查。

第五步：高压I/O板检测回路是否有线虚接，如果没有，则更换高压I/O板。如果没有问题，则进入下一步排查。

第六步：更换主控24 V UPS电源，如果UPS电源输出电压对变流板有干扰，则会报这个故障。如果没有问题，则进入下一步排查。

第七步：正常运行的机组如果突然逆变侧IGBT损坏，母线上的能量不能正常输送到电网，将导致母线电压升高，查看故障文件是否在故障时逆变侧IGBT报故障，对应检查IGBT和其接线。

第八步：检查变流板后面板与变流子站连接的37针模拟信号线，以及其连接的模块是否有问题，若有问题，则更换。也可能是DP干扰等问题。

七、变流器未准备、反馈丢失

故障原因分析：

（1）变流板未收到启动信号或主控未收到变流板准备反馈信号。

（2）放电接触器未断开，预充电接触器吸合故障。

（3）网侧主空开吸合故障。

（4）变流板故障。

（5）直流母线高电压故障、直流母线低电压故障、网侧相电压过压故障。

（6）IGBT过流故障、IGBT故障。

故障排查过程如下。

第一步：检查变流板前面板指示灯ON是否亮，如果没有亮，则变流板就没有收到启动信号，检查变流子站模块、变流板信号回路接线，确定组态正常。如果启动信号没有被组态进去，则肯定送不出启动信号，重刷下组态和程序，两个要匹配上。如果还是不亮，则更换变流板。如果没有问题，则进入下一步排查。

第二步：如果变流板前面板指示灯ON亮，检查两个放电回路控制继电器11K6、11K7是否正常断开，这两个继电器的吸合和弹出力较大，运行时间久了容易导致接线虚接，打开主控柜时注意检查。如果没有问题，则进入下一步排查。

第三步：做下预充电测试，检查预充电接触器是否正常吸合，如果不能正常吸合，则检查预充电回路接线、预充电回路内刀熔保险、预充电接触器本身故障；如果能够正常吸合，则放电接触器正常弹出，进入下一步排查。

第四步：主空开没有吸合，按照主空开故障的排查方法排除。如果主空开没有问题，并且吸合，则进入下一步排查。

第五步：检查变流板上直流母线电压是否高或低，以及网侧电压高故障，按照相对应的排除方法排除。

第六步：看变流板上是否报出IGBT故障信号，检查IGBT是否损坏，驱动线缆是否有问题，有时候会有干扰导致IGBT误报故障，就会报出直流母线电压低。如果还有问题，则更换变流板。

八、滤波电容无反馈故障

故障原因分析：

（1）电容反馈信号回路接线虚接。

（2）电容保险损坏。

故障排查过程如下。

第一步：参照电气图纸的第十七页，按照接线点逐个排查 24 V 电是否送出，反馈回路接线是否有虚接。如果有反馈，则主控内对应模块反馈信号是亮的。刀熔开关上的反馈信号线容易虚接，需要注意。

第二步：有可能刀熔开关上的保险损坏，更换保险。

直流电流过流故障原因分析：

（1）直流电流设定值偏高。

（2）变流板故障。

（3）斩波升压 IGBT 故障。

（4）斩波升压 IGBT 过流、15 针驱动线缆问题。

故障排查过程如下。

第一步：检查 IGBT 是否损坏，检查斩波升压 IGBT 驱动线缆是否有问题。

第二步：由于 I_DC 随着 DC setpoint 走，如果电流设定较大，目前程序限制在 1600 A，故障文件上的 I_DC * 5/3 为实际值，程序上 I_DC 在超过 1500 A 持续 100 ms 报故障。所以如果电流设定较大的话，就会引起此故障，查找电流设定高的原因：整流电压低（如果整流二极管、检测回路没有问题，正常运行时整流电压突然降低几个点，可能为发电机断路器故障）；GW-1500/82 的机组低转速下由于整流电压低，容易报此故障；如果经常报这样的故障，则可能是程序上扭矩给定的控制策略不合理。

第三步：检查直流设定回路内接线问题，如果没有问题，则可能为变流板自身问题，更换变流板。

九、变流器直流电流（斩波升压 IGBT）过流故障

故障原因分析：

（1）主控收到假的变流器直流过流故障。

（2）斩波升压 IGBT 故障，15 针驱动线缆损坏。

（3）斩波升压主回路问题。

（4）变流板故障。

故障排查过程如下。

第一步：检查变流板前面板 OC Stepup 指示灯是否亮红灯，检查变流板到变流子站信号回路，确定是否是干扰误报。

第二步：变流器检测到流过三个斩波升压 IGBT 的最大电流达到 825 A，这也是斩波升压 IGBT 最大允许通过电流，就会报此故障，检查斩波升压 IGBT 是否损坏。

第三步：检查 IGBT 驱动线缆是否有虚接，检查斩波升压主回路是否存在线路问题，尤其现场接线、电抗器与 IGBT 连接软母带等。

第四步：变流板信号控制问题，检查控制回路接线，更换变流板。

十、变流器网侧逆变 IGBT 过流故障

故障原因分析：

(1) 主控收到假的变流器直流过流故障。

(2) 逆变侧 IGBT 故障，15 针驱动线缆损坏。

(3) 逆变侧主回路问题、网侧滤波电容故障。

(4) 变流板故障。

故障排查过程如下。

第一步：检查变流板前面板 OC Grid 指示灯是否亮红灯，检查变流板到变流子站信号回路，确定是否干扰误报。

第二步：变流器检测到流过网侧逆变六个 IGBT 的最大电流达到 1325 A，报变流器网侧 IGBT 过流故障，这个电流值分配到每个 IGBT 还不到 700 A，所以正常 IGBT 可以承受。如果报过流故障，则可能是 IGBT 本身损坏引起的，检查 IGBT 本体，可以通过做对冲试验，一定要补无功，观察网侧电流的变化。

第三步：检查 IGBT 控制线缆是否有虚接，检查网侧主回路接线是否有虚接，网侧电抗器与 IGBT 连接软母带是否有虚接。

第四步：变流板控制信号问题，检查控制回路接线，更换变流板。

十一、有功功率不匹配

故障原因分析：

(1) 电流互感器接线问题。

(2) 斩波升压 IGBT 损坏，斩波升压 IGBT 驱动线缆 15 针连接线有问题。

(3) 主控计算给定功率有问题。

(4) 变流板计算有问题。

(5) 高压 I/O 及变流板连接线问题。

故障排查过程如下。

第一步：检查电流互感器是否有两相接错的地方，电流互感器是否有问题，有可能是电流互感器测量的电流值不准。

第二步：检查检测回路接线是否有问题，高压 I/O 板是否有问题。

第三步：检查 IGBT 模块及母排是否有问题，由于整理电压检测的位置在 IGBT1 处，查看故障文件，如果整流电压异常，则着重检查 IGBT1；如果整流电压正常，则检查 IGBT2、IGBT3 及其控制线缆。

第四步：可能变流板计算有问题，更换变流板，检查变流板拨码设置是否正确。

典型故障：机组报有功功率不匹配，有功功率高。检查发现 IGBT2 的控制线缆损坏。

看故障文件得出：变流器需求的功率高于网侧发出来的功率直到报出故障，变流器计算的功率是根据整流电压计算得出(gh 控制根据发电机扭矩和转速计算出发电机能发出的功

率，除以整流后母线电压得出电流设定值，也就是变流器需要整流后的电流，而实际整流后电流为 I_DC * 5/3，文件中实际电流也在按照电流设定值走，但是发出来的功率却达不到需求值）。从能量守恒角度来讲肯定也不正确，在并网运行时发现 IGBT2 在变流板上显示的灯和其他两个不一致，当限制 500 kW 功率时，斩波 IGBT 的工作占空比是很小的，反映到变流板上就是有微弱的亮光，可 IGBT2 的亮度却很高。通过分析可知，整流前电压没有经过斩波升压，它的检测点在斩波升压 IGBT1 那里，所以如果 IGBT2 不工作的话，主控计算的功率就会大，而实际发出来的小。

验证 IGBT2 不工作：将 IGBT1 和 IGBT3 关掉，单独触发 IGBT2，并网能看到变流器需求功率再增加，而实际是没有功率发出来的，单独触发其他两个 IGBT 会大概有 50 kW 的功率发出，说明 IGBT2 没有工作。

验证 IGBT2 损坏还是 IGBT2 的控制线缆损坏：将 IGBT2 和 IGBT5 的线缆对换，做对冲试验，触发 IGBT5 没有反应，证明 IGBT2 线缆损坏。

十二、变流器斩波升压 IGBT 故障

故障原因分析：

(1) 信号干扰，收到假的 IGBT 故障信号。

(2) 斩波升压 IGBT 故障，15 针驱动线缆故障。

(3) 变流板故障。

故障排查过程如下。

第一步：检查变流板上 IGBT1、IGBT2、IGBT3 哪个亮红灯，确定非干扰因素。

第二步：检查 IGBT 快熔是否熔断，是否有爆炸的痕迹，用万用表测量 IGBT 是否损坏。如果没有故障，则检查 15 针 IGBT 控制线缆是否有问题，是否有虚接或干扰。

第三步：检查斩波升压主回路接线是否有虚接。确认变流板是否有故障，若有，则更换变流板。

制动单元 IGBT 过流故障原因分析：

(1) 信号干扰，收到假的 IGBT 过流信号。

(2) 制动单元 IGBT 故障，15 针控制线缆故障。

(3) 制动电阻与制动单元接线问题。

(4) 变流板故障。

故障排查过程如下。

第一步：检查变流板前面板 OC chop 指示灯是否亮红灯，检查变流板到变流子站信号回路，确定不是干扰误报。

第二步：检查 IGBT4 是否损坏，测量管压降时需要将交流端与制动电阻脱离，否则无法测量。检查 15 针控制线缆是否有问题，测量其引脚，是否接头处有虚接干扰。

第三步：测量制动电阻的阻值，正常为 0.9 Ω，检查其接线。检查整个制动控制主回路的接线。

第四步：检查变流板，若已损坏，则更换变流板。

十三、网侧电压高

故障原因分析：

(1) 电网电压高。

(2) 变流板问题。

(3) 高压 I/O 板问题及其之间的接线是否有虚接。

故障排查过程如下。

第一步：查看整个风电场的网侧电压值，如果都高，则说明电网电压高；如果风电场投无功补偿，则可以将无功补偿切出。如果电网正常，则进入下一步排查。

第二步：检测高压 I/O 板上网侧电压的线是否有虚接，高压 I/O 板是否有问题，25 针线是否有问题，若有问题，则更换高压 I/O 板。如果还有问题，则进入下一步排查。

第三步：变流板检测电压信号的计算可能有问题，给变流板放电 5 分钟后，看是否还有问题，如果有，则更换变流板。也可能是主控上模块有问题。

十四、制动单元 IGBT 过流故障

故障原因分析：

(1) 信号干扰，收到假的 IGBT 过流信号。

(2) 制动单元 IGBT 故障，15 针控制线缆故障。

(3) 制动电阻与制动单元接线问题。

(4) 变流板故障。

故障排查过程如下。

第一步：检查变流板前面板 OC chop 指示灯是否亮红灯，检查变流板到变流子站信号回路，确定不是干扰误报。

第二步：检查 IGBT4 是否损坏，测量管压降时需要将交流端与制动电阻脱离，否则无法测量。检查 15 针控制线缆是否有问题，测量其引脚，是否接头处有虚接干扰。

第三步：测量制动电阻的阻值，正常为 0.9 Ω，检查其接线。检查整个制动控制主回路的接线。

第四步：检查变流板，若已损坏，则更换变流板。

十五、整流过压故障

故障原因分析：

(1) 电机转速较高；阵风较大，变桨反应不过来，过速。

(2) 斩波升压 IGBT 故障。

(3) 电压检测回路故障。

(4) 高压 I/O 板、变流板故障。

故障排查过程如下。

第一步：查看故障文件，看故障时刻的风速和转速，整流过电压一般是超发、过速，那个时候已经不需要斩波升压 IGBT 工作了，也就彻底不可控了。直到过压报故障，这样的情况如果经常出现，则需要调整程序的控制策略，根据现场风况做出相应修改。

第二步：检查 IGBT 是否损坏，如果斩波升压 IGBT 存在问题，则可能导致整流后电压升高。

第三步：检查电压测量回路，如果测量回路无异常，则更换高压 I/O 板；如果故障仍然未消除，则更换变流板。

十六、网侧 IGBT 温度不平衡

故障原因分析：

(1) 风扇转向不正确。

(2) 变频器设置值不正确。

(3) 风道内有堵塞物、风道散热不均匀。

(4) 变流板问题。

(5) 温度传感器及其接线问题。

(6) 检测模块问题。

故障排查过程如下。

第一步：检查变频器设置值是否正确。

第二步：当变频器调到本地控制，启动风扇，检查风扇转向是否正确，轴流风扇为现场接线，一定确认转向正确，塔底轴流风扇是往外抽风的。如果没有问题，则进入下一步排查。

第三步：将风道后背板拆除，检查风道内是否有塑料薄膜等堵塞物。如果没有问题，则进入下一步排查。

第四步：检查变流板到变流子站温度传输回路，及其对应模块。如果没有问题，则进入下一步排查。

第五步：变流板及其与 IGBT 连接的驱动线缆是否有问题，如果有问题，则更换变流板。如果没有问题，则进入下一步排查。

第六步：如果 IGBT 本身温度传感器有问题，则更换 IGBT。

十七、斩波升压 IGBT 温度故障

故障原因分析：

(1) 风道有堵塞情况、风扇变频器控制有问题、风扇问题。

(2) 变流板到变流子站传输信号回路接线及模块有问题。

(3) IGBT 功率模块问题，15 针驱动线缆问题。

(4) 变流板问题。

故障排查过程如下。

第一步：检查 IGBT 散热风道是否有塑料薄膜等堵塞现象，在吊装时有可能忘记拆掉塑料薄膜或者没有拆干净，导致散热较差。

第二步：检查变频器设置是否正确，本地控制风扇到满功率状态，确认风扇是否有问题，如果风扇轴承有问题，也会发出较大热量，影响散热，可以从感觉风扇震动是否较大来初步判断。

第三步：检查模拟量采集模块及 37 针模拟量电缆是否有问题。

第四步：IGBT 温度超过 100°会报此故障，检查 IGBT 15 针驱动线缆是否有问题，如果没有问题，可能 IGBT 本身存在问题，其内部温度传感器损坏，则更换 IGBT 模块。

第五步：如果变流板内部采集信号转换有问题，则更换变流板。

十八、塔底冷却故障

故障原因分析：

(1) 冷却风扇电机损坏，或者叶片卡住。

(2) 塔底风扇接线问题。

(3) 塔底冷却风扇无反馈故障。

(4) 塔底冷却风扇运行反馈故障。

(5) 变频器供电 400 V 接线问题。

(6) 变频器问题。

故障排查过程如下。

第一步：检查风扇叶片是否损坏，风扇转动范围内是否有严重摩擦或者被卡住，检查风扇电机是否损坏。

第二步；风扇接线盒和低压配电柜内风扇供电回路接线是否有虚接。

第三步：检查 400 V 供电，如果没有问题，则参照塔底风扇运行故障、塔底冷却风扇无反馈故障的解决方法来处理。

十九、直流电流过流故障

故障原因分析：

(1) 直流电流设定值偏高。

(2) 变流板故障。

(3) 斩波升压 IGBT 故障。

(4) 斩波升压 IGBT 过流，15 针驱动线缆问题。

故障排查过程如下。

第一步：检查 IGBT 是否有损坏，检查斩波升压 IGBT 驱动线缆是否有问题。

第二步：由于 I_DC 随着 DC setpoint 走，如果电流设定较大，目前程序限制在 1600 A，故障文件上的 I_DC * 5/3 为实际值，程序上 I_DC 在超过 1500 A 持续 100 ms 报故障。所以如果电流设定较大的话，则会引起此故障，查找电流设定高的原因：整流电压低（如果整流

二极管、检测回路没有问题，正常运行时整流电压突然降低几个点，可能为发电机断路器故障)；GW-1500/82 的机组低转速下由于整流电压低，容易报此故障；如果经常报这样的故障，可能是程序上扭矩给定的控制策略不合理。

第三步：检查直流设定回路内接线问题，如果没有问题，可能为变流板自身问题，则更换变流板。

教学提示：

本章主要介绍风力发电机组的变流系统，重点是变流的转换过程，将发电机发出的交流电转化成直流电，再转化成交流电输入升压站。教学中通过引用风力发电机组变流系统的实际故障案例，培养学生独立的思考能力。通过介绍我国风电装机容量和风电设备研发及生产方面的现状，学生能深入体会新时代中国特色社会主义改革开放和创新发展所取得的伟大成就，培养学生热爱祖国、热爱风电事业的思想情操。学生应认识到从事风力发电机组运维工作，必须具备强烈的责任感，同时教学中注重培养学生的爱岗敬业精神和精益求精的职业素养。

第五章　变桨系统

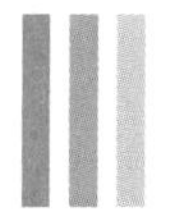

第一节　变桨系统概述

变桨系统可实现风力发电机组的变桨控制，在额定功率以上通过控制叶片桨距角使输出功率保持在额定状态。变桨控制柜主电路采用交流—直流—交流回路，由逆变器为变桨电机供电，变桨电机采用交流异步电机，变桨速率由变桨电机转速调节。每个叶片的变桨控制柜都配备一套由超级电容组成的备用电源，超级电容储备的能量在保证变桨控制柜内部电路正常工作的前提下，足以使叶片以 7°/s 的速率，从 0°顺桨到 90°。当来自滑环的电网电压掉电时，备用电源直接给变桨控制系统供电，仍可保证整套变桨电控系统正常工作。

使叶片的攻角在一定范围(0°～90°)变化，以便调节输出功率，避免了定桨距机组在确定攻角后，有可能夏季发电低，而冬季又超发的问题。在低风速段，功率得到优化，能更好地将风能转化电能。额定风速以下通过控制发电机的转速使其跟踪风速，要实现的主要目标就是让叶轮尽可能多的吸收风能。在额定风速以上变速控制器(扭矩控制器)和变桨控制器同时发挥作用。通过变速控制器控制发电机的扭矩使其恒定，从而恒定功率。通过变桨调整发电机的转速，使其始终跟踪转速设置点，通过扭矩控制器及变桨控制器共同作用，使得功率、扭矩相对平稳；功率曲线较好。

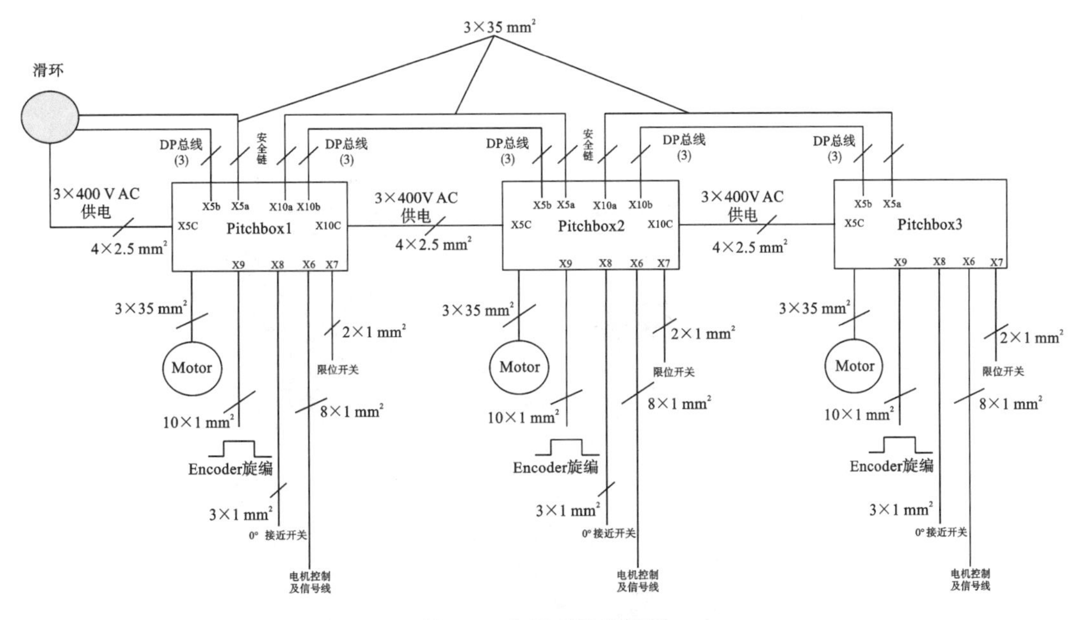

图 5-1　变桨系统连线图

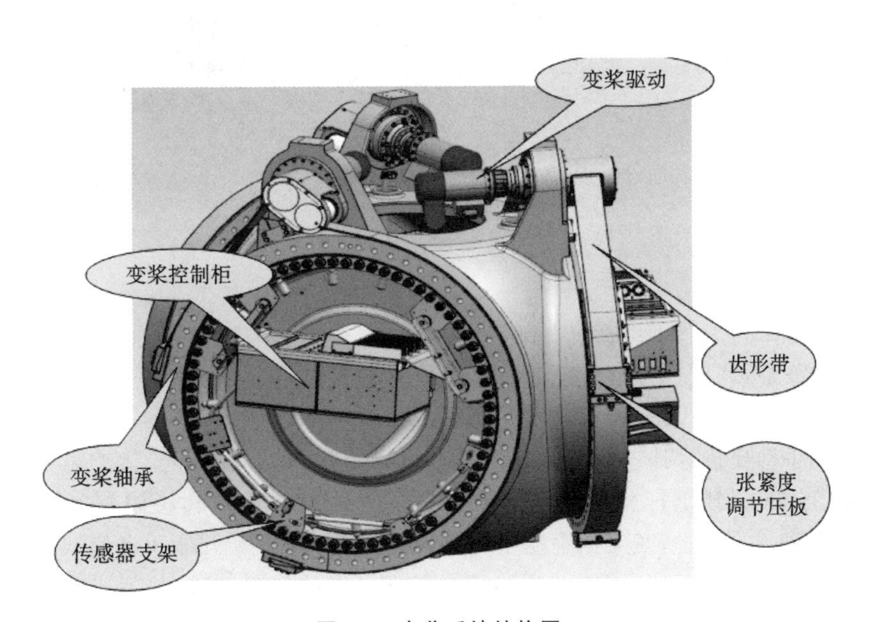

图 5-2　变桨系统结构图

第二节 变桨系统的手动操作

图 5-3 变桨按钮

一、变桨操作方式

(1) 自动变桨:正常工作,程序控制。

(2) 手动变桨:调试、维护;只有当两只叶片的位置在 86°附近,第 3 只叶片才能朝 0°变桨;Forward:朝 0°变桨;Backward:朝 90°变桨。

(3) 强制手动变桨:调试、维护;3 只叶片都可以朝 0°变桨,不受 86°限制。

在手动变桨的基础上打开变桨控制柜的柜门,找到 X11 端子排,将插在 8 和 9 端子上的短接排插到 5 和 6 端子上,变桨从手动模式进入强制手动模式。强制手动模式时,叶片角度不被任何限定值控制或限制,这样叶片能转到任何可能的位置,若操作不当,则对机械部件可能造成相当大的损害。

(4) 机舱维护手柄控制变桨。

维护手柄可以使 3 只叶片同时向 0°或 90°变桨。同时向 0°变桨时 3 只叶片的角度不低于 57°,向 90°变桨时 3 只叶片的角度不超过 87°。在 57°～87°时,维护手柄可以对任意 3 只叶片同时操作。维护手柄不能对单只叶片进行操作,只能对 3 只叶片同时操作,而且同时还

图 5-4　端子排

要保证 DP 通信没有任何问题，3 个变桨系统不能有任何故障，否则维护手柄的操作不起作用。

使用维护手柄进行变桨时，要避免同时进行偏航动作；使用维护手柄进行变桨前，一定要通知所有在场相关人员，确认人员处于安全位置后，方可进行进一步的操作。

二、变桨系统操作注意事项

(1) 在强制手动模式下，叶片能在$-2°\sim95°$桨距角范围内任意转动，而在非强制手动模式下，若要维护某一叶片，如叶片朝 0°方向变桨，其桨距角不能小于 5°。

(2) 如叶片朝 90°方向变桨，当碰到限位开关后，不能再变桨，若要继续变桨，则可采取强制变桨模式变桨，而其余两只叶片则要求转到桨距角不能小于 86°的位置。

(3) 在强制手动模式下，叶片角度不被任何限定值控制或限制，这样叶片能转到任何可能的位置，若操作不当，则对机械部件可能造成相当大的损害。

(4) 在轮毂里手动操作时，必须有 2 个人或 2 个以上人员配合进行工作。

(5) 工作时不要将工具或其他相关物品遗落在轮毂和导流罩内。

(6) 叶片进行变桨操作时，人员及工具等要远离旋转部件，以防操作时发生意外。

(7) 必须携带对讲机等通话工具，以保持必要的通信联络。

(8) 工作完毕，注意清点所携带的工具及物品。

(9) 在做变桨操作动作前要先通知在场所有人员，确认所有人员都处于安全位置之后，方可进行相应的操作。

(10) 故障处理完毕或维护处理完毕后，要把叶片变回 86°的位置，将手动/自动控制旋钮拨到自动控制位置 A(或将叶片变桨到大于 55°以后的位置，直接将手动/自动控制旋钮拨到自动控制位置 A)，此时叶片会以一定的速度向 90°变桨，并停止在 86°的位置。

第三节 变桨系统的元器件

一、滑环

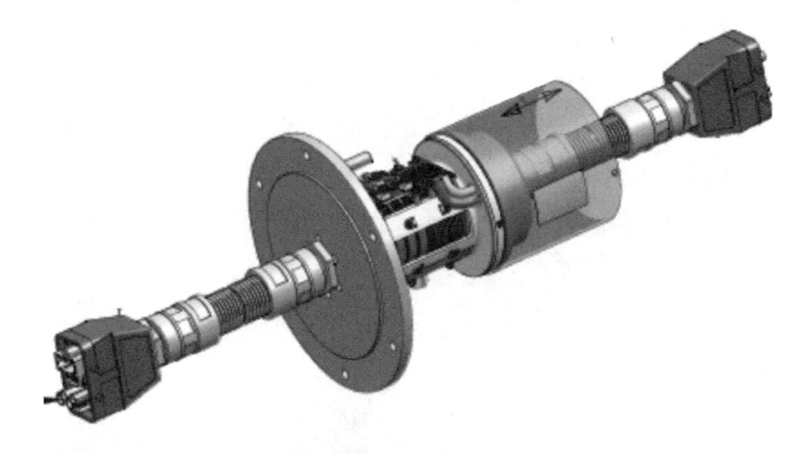

图 5-5 滑环

图 5-6 滑环内部结构

二、A10

A10 为电容电压转换模块，采集超级电容高低电压；将电容电压转换成倍福模块能够检测的电压，然后由倍福模块输出一个信号给变桨充电器为超级电容充电。将 AC2 变频器的 OK 信号进行转换后传送给 PLC 的相应模块。

图 5-7　A10 模块

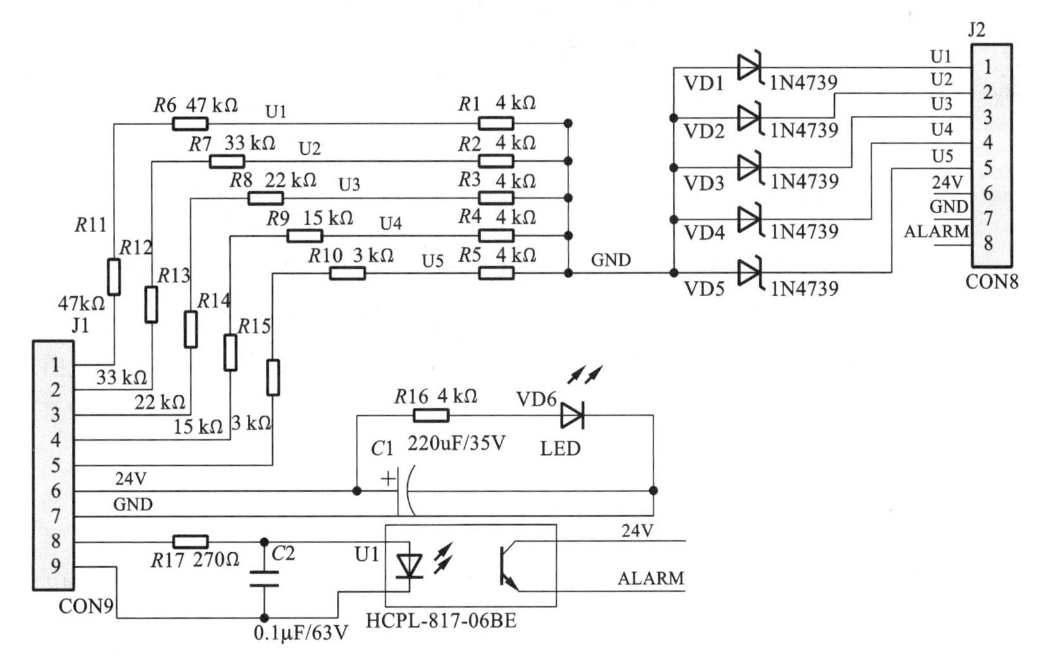

图 5-8　A10 模块电路原理图

端子接线：X4：4=/X4：3 分别采集电容高低 60 V/30 V 直流输入电压；

X4：5=模块 24 V 电源的接口；X4：9/X4：10=电压检测模拟量输出；

X4：11=电流检测模拟量输出。

三、蓄电池充电器 NG5

图 5-9　变桨系统充电器

蓄电池充电器会极大地影响电池寿命和性能。传统的不受控蓄电池充电器(整流桥)采用简单的直接 AC/DC 变换方式。

这种方式的缺点是：效率低；体积大；充电时间长；充电取决于交流电源的变化(在充电的最后阶段存在过度充电的危险)。

现代的蓄电池充电器通过使用间接 AC/DC 变换解决了这些缺点，增加了一级 DC/DC 变换。

通常大功率的开关电源的工作方式就是如此。这种方法使用了更为快速、功率更大的开关器件，使得成本和体积得到了最小化。

这种方式的主要优点：效率高；尺寸小，充电时间短；充电不受交流电源变化的约束；电子控制方式能够提供理想的充电曲线。

电气问题(由于换向)的出现需要引入适当的滤波措施来满足 EMC89/336/EEC 对电磁兼容性的要求。

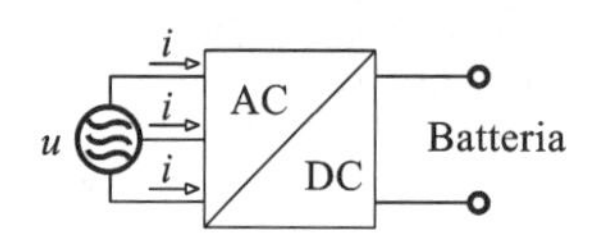

图 5-10　传统蓄电池充电结构图

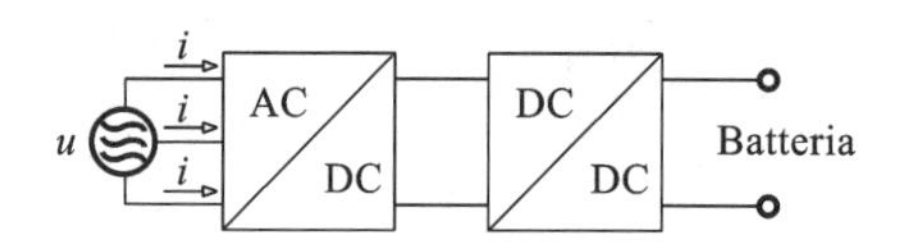

图 5-11　AC/DC 蓄电池充电器结构图

当交流电源发生缺相时，红色 LED 灯会亮起，这时电池充电器停止工作，充电程度指示器变成黄灯。检查交流电源和输入保险。报警信息(两音调的声音信息)和闪烁的 LED 灯提示有报警。

四、AC2

AC2 全称为异步电机用高频 MOSFET 逆变器，将超级电容 60 V DC 转换成三相频率可变的 29 V AC 并输出给各变桨电机，BATT/－BATT 为直流输入，U、V、W 为交流电输出。有调频功能，根据不同的变桨速度需求，给变桨电机提供不同频率的信号，使变桨电机以不同的速度变桨。

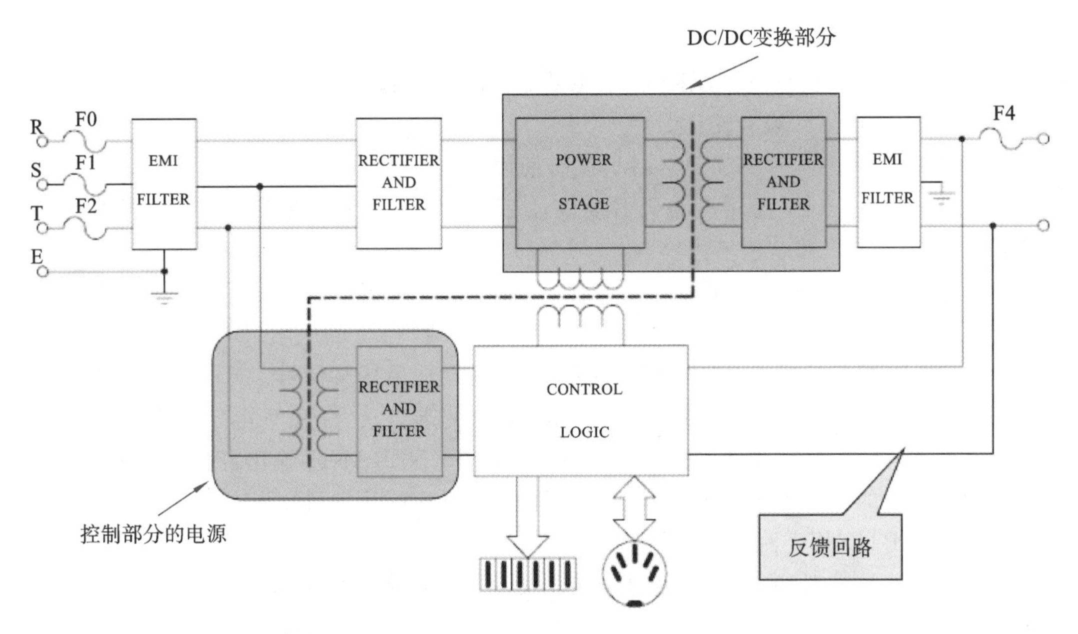

图 5-12　变桨充电器电路图

图 5-13　AC2

1. AC2 技术参数

表 5-1　AC2 技术参数

	AC2 450	AC2 350	AC2 250
输入电压	24 V/36 V	48 V	72 V/80 V
最大输出电流(RMS)	450 A(2 min)	350 A(2 min)	250 A(2 min)
开关频率	8 kHz		
温度范围	－30 ℃～＋40 ℃		
体积	200 mm×230 mm×111 mm		

2. 实际工作性能参数

额定电压为 48 V，最大电流为 450 A，实际使用时由 60 V 的直流稳压电源供电，工作频率为8 kHz，输出电压为 3 相 29 V，频率范围为 0.6～56 Hz。

3. 实现的功能

驱动器共有 6 个外部接口，变桨系统对其使用情况如下：

(1) 端口A,串行通信口,共有8个针,使用了A3(PCLTXD)、A4(NCLTXD)两个针。输出的是驱动器内部状态信号,用于指示驱动器当前的内部故障。

(2) 端口B,2个针,没有使用。

(3) 端口C,4个针。CAN总线接口没有使用。

(4) 端口D,6个针。增量型编码器接口,使用了D3、D5,为旋转编码器传送两路正交编码信号,24 V。

(5) 端口E,14个针。E1接入控制器送来的0~10 V模拟量电压信号,此信号决定了驱动器输出电压的频率,用于调速;E2、E3两个针间串入5 kΩ的电阻;E12用于接收主控发来的手动向前变桨信号,E13用于接收主控发来的手动向后变桨信号。

(6) 端口F,12个针。F1为驱动器的使能信号,此端口接入60 V电压后驱动器才能工作;F4为送闸信号,此端口收到高电平后,会在端口F9(NBRAKE)输出高电平,通过继电器控制变桨电机内的电磁刹车;F5(SAFETY)和F11(-BATT)短接;F6和F12之间串入变桨电机内部的PTC,用于测量电机的温度。

主控制器通过模拟/数字I/O信号来控制驱动器动作和接收驱动器状态,两者之间并没有任何通信协议。

4. 端口示意图

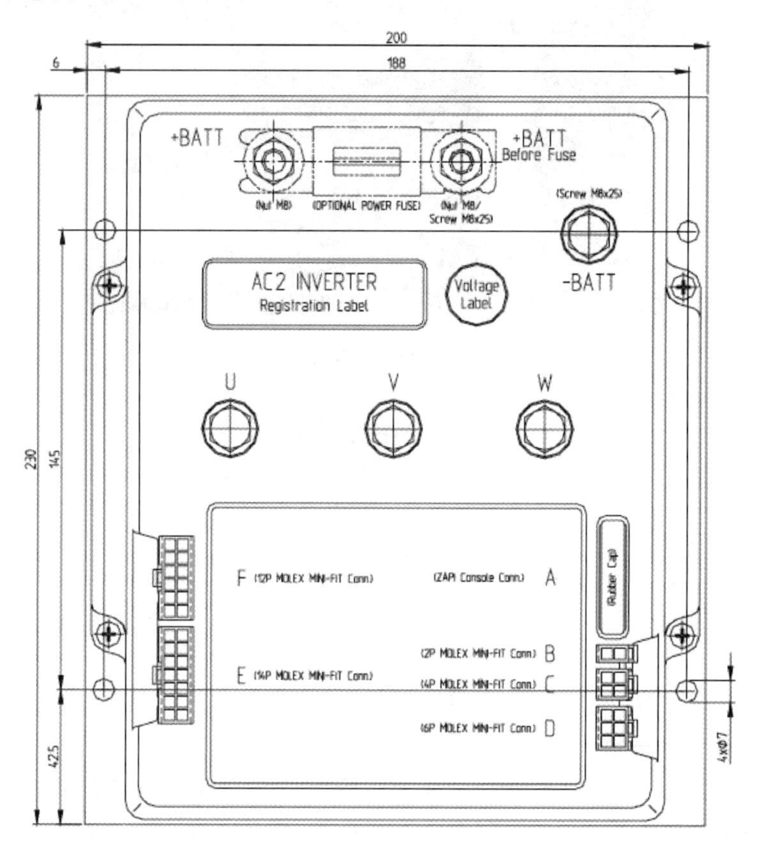

图5-14 AC2端口示意图

5. AC2 动作说明

表 5-2　AC2 动作说明

动　　作	所用端口	有效电平	说　　明
使能	F1	高电平(60 V)	允许变频器工作
变桨速度设定	E1	0～10 V	0 V 到 5 V 向 90°变桨;5 V 到 10 V 向 0°变桨
松闸输入信号	E5	24 V	由主控送来,通知变频器松闸
松闸输出信号	F9	0 V	由变频器输出给继电器绕组,控制触点吸合,使电机松闸(不变桨时输出 24 V,变桨时输出 0 V)
手动向前变桨	E12	24 V	使电机松闸,同时向 0°变桨一小段距离,只识别上升沿
手动向后变桨	E13	24 V	使电机松闸,同时向 90°变桨一小段距离,只识别上升沿

五、超级电容

每只叶片的变桨控制柜都配备一套由超级电容组成的备用电源,超级电容储备的能量在保证变桨控制柜内部电路正常工作的前提下,足以使叶片以 7°/s 的速率,从 0°顺桨到 90°。当来自滑环的电网电压掉电时,备用电源直接给变桨控制系统供电,仍可保证整套变桨电控系统正常工作。相比密封铅酸蓄电池作为备用电源的变桨系统,采用超级电容的变桨控制系统具有下列优点:

(1) 充电时间短。

(2) 交流变直流的整流模块同时作为充电器,无需再单独配置充放电管理电路。

(3) 超级电容随使用年限的增加,容量减小得非常小。

(4) 寿命长。

(5) 无需维护。

(6) 体积小、质量轻。

(7) 充电时产生的热量少。

超级电容是由 4 个超级电容组串联而成的。下面着重介绍超级电容组。430 F,16 V 的超级电容能量存储模块是一个独立的能量存储设备,最多能够存储 55 kJ(15.3 W·h)的能量。能量存储模块由 6 个独立的超级电容单元、激光焊接的母线连接器以及一个主动的、完整的单元平衡电路组成。单元可以串联连接以获得更高的工作电压(215 F,32 V;143 F,48 V;107.5 F,64 V 等),也可以并联连接提供更大的能量输出(860 F,16 V;1290 F,16 V 等),或者是串联和并联组合来获得更高的电压和更大的能量输出。当串联连接时,单元到单元之间的电压平衡问题可以通过使用我们提供的双线平衡电缆来加以解决。超级电容模块的包装是一个耐损耗的冲压铝外壳。这样一个外壳是永久封装的,不需要维护。3 个集电极开路逻辑输出端是选购件,其中 2 个用于显示过压程度,另外一个用于显示过温。

图 5-15　超级电容

1. 电容单元的主要参数

型号:4-BMOD2600-6;

额定电压:60 V DC;

总容量:125 F;

总存储能量:150 kJ;

四组串联;

单组电容电压:16 V DC;

单组电容容量:500 F。

2. 安装

模块可以以任意方向安装、工作。只用两个设计好的安装法兰来支撑模块,也可以用 4 个绝缘子支座把模块安装到一个平面上。关于绝缘子支座的安装位置请看数据表。

模块面板上有一个 M4 的螺纹通气孔。从出厂到运输过程中,用一个螺杆把这个孔塞住。这个通气孔是可选组件。当单元发生灾难性故障时,单元会释放电解液和气体。如果应用环境要求远程通风的话,附件中会提供一个 M4 的螺纹软管,拿下螺杆换上软管。把一个 4 mm 的软管系到 hosebarb 上,然后把软管导到一个安全的地方通风。

3. 电气

为了避免拉弧或者打火花,能量存储模块在安装过程中应该处于放电状态并断开系统电源。在运输过程中模块也要放电。我们推荐首先检查单元的电压确保其电压最小。为了提供尽可能低的 ESR(等效串联电阻),能量存储模块没有装保险。模块能够提供 55 kJ 的能量,峰值电流超过 5000 A。因此,在使用时要小心,以防过大电流出现。

模块的底座要通过安装绝缘子支座或者足够粗的标准线连接到系统地。这样在最坏情况下故障电流可以流入地线。

4. 安全性

(1) 不要在高于推荐的电压情况下让其工作。

(2) 不要在高于推荐的温度定额情况下让其工作。

(3) 在充电时不要碰触端子和导线;否则,严重烧伤、休克甚至材料软化都有可能发生。

(4) 周围的电气元件不要与其接触。

(5) 当其在高于 50 V DC 的情况下工作时能够提供足够的电气绝缘。

5. 维护

定期检查主接线端子的连接情况,必要时上紧端子的螺钉。

在进行任何操作之前,确保超级电容单元储存的能量被彻底放掉。如果发生了误操作,存储的能量和电压电平有可能是致命的。

6. 技术参数

表 5-3　技术参数 1

容　　量	430 F+20%,初始状态
电压	最大 16 V DC
直流电阻	最大 3.5 mΩ,初始状态
交流电阻(100 Hz)	最大 2.5 mΩ,初始状态
热阻	0.53 ℃/W
漏电流(16.0 V,25 ℃,工作 72 小时后)	5 mA
漏电流(16.5 V,25 ℃,工作 72 小时后)	8 mA+泄漏
漏电流(17.0 V,25 ℃,工作 72 小时后)	16 mA+泄漏
尺寸	420 mm×178 mm×70 mm
质量	5 kg
体积	4.85 L
工作温度	−40 ℃~65 ℃
存储温度	−40 ℃~75 ℃
湿度(25 ℃)	0~95%相对湿度
湿度(40 ℃)	0~80%相对湿度

六、旋转编码器

旋转编码器通过记录变桨电机的转动将信号反馈给PLC计算出桨叶位置。

图5-16　旋转编码器安装位置

旋转编码器原理：绝对位置从码盘上读取，在码盘上，每一位对应一个码道，每个数位编码器对应一个输出电路，每一个通道都包含一个光源的接收器，每圈(360°)读数完成后，将重复读数输出。

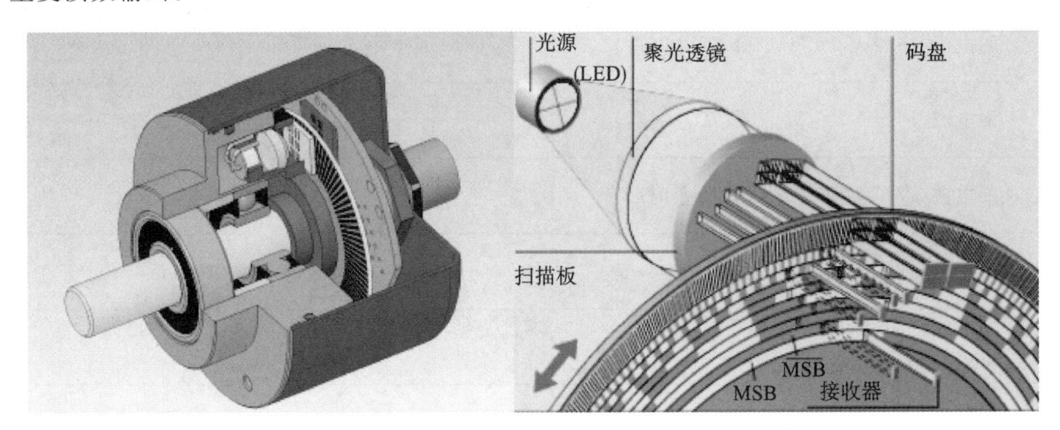

图5-17　旋转编码器

1. 主要特点

(1) 25位分辨率，8192个脉冲×4096圈；

(2) 格雷码或二进制码输出；

(3) 自诊断功能；

(4) 电子清零；

(5) 可选项：增量通道A、B；末端轴；不锈钢材质。

2. 电气参数

表 5-4　电气参数

工作电压	10～30 V DC,带有电压反接保护
电流消耗	最大 50 mA(电感/电阻负载),24 V DC
SSI 脉冲频率	62.5 kHz～1.5 MHz(取决于电缆长度)
单稳态触发器时间	20 μs
脉冲中止	最小 25 μs
编码变化频率	800 kHz
精度	±0.025°(400 kHz),±0.05°(800 kHz)

3. 机械参数

速度参数如下。

机械速度:最大 10000 r/min;

电气速度:最大 6000 r/min。

启动转矩参数如下。

w/o 密封(IP54):<0.010 N·m;

密封(IP65):<0.015 N·m。

轴负载参数如下。

轴向负载:<20 N;

径向负载:<40 N;

转动惯量:2×10^{-6} kg·m^2。

材料参数如下。

外壳:钢;

法兰:铝;

质量:大约 400 g。

4. 环境条件

工作温度:−20 ℃～+70 ℃。

防护等级:w/o 密封轴——IP 54;密封轴——IP 65。

湿度:最大相对湿度 95%,无凝结。

抗振动能力:符合 DIN EN 60068-2-6,≤100 m/s^2,16～2000 Hz。

抗冲击能力:符合 DIN EN 60068-2-27,≤2000 m/s^2,6 m/s。

抗干扰能力:符合 DIN EN 61000-6-2。

发射干扰性能:符合 DIN EN 61000-6-4。

5. 引脚情况

表 5-5　引脚情况

引脚号	电缆颜色	引脚含义
1	棕色	UB
2	黑色	GND

续表

引　脚　号	电缆颜色	引脚含义
3	蓝色	Pulse＋
4	米色	Data＋
5	绿色	Zero
6	黄色	Data－
7	蓝紫色	Pulse－
8	棕色/黄色	DATAVALID
9	粉色	UP/DOWN
10	黑色/黄色	DATAVALID MT
11	—	—
12	—	—

1）输入

控制信号：UP/DOWN 和 Zero。

高电平：>0.7 UB。

低电平：<0.3 UB。

连接：UP/DOWN 通过 10 kΩ 电阻连接到 UB，零点通过 10 kΩ 电阻连接到 GND。

SSI 脉冲：光耦输入从而实现电隔离。

2）输出

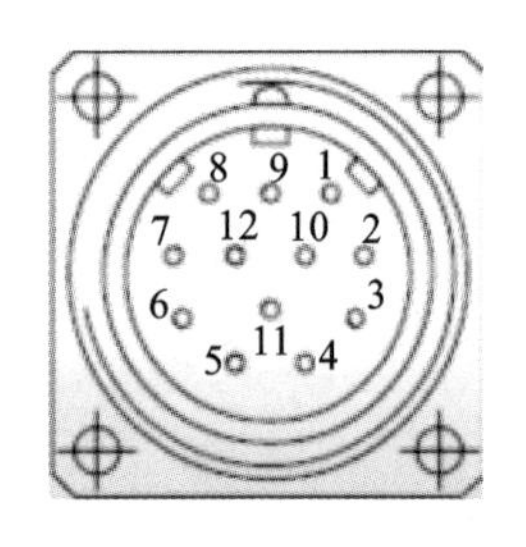

图 5-18　GM400 的连接引脚

SSI 数据：RS-485 驱动器。

诊断输出：防短路的推挽输出。

高电平：>UB－3.5 V(I＝－20 mA)。

低电平：≤0.5 V(I＝20 mA)

3）引脚含义阐述

(1) 引脚 1 UB：编码器电源。

(2) 引脚 2 GND：编码器电源地。

(3) 引脚 3 Pulse＋：正 SSI 脉冲输入。Pulse＋和 Pulse－形成一个电流回路。在 Pulse＋输入端的一个大约 7 mA 电流产生一个正逻辑的逻辑 1。

(4) 引脚 4 Data＋：微分线路驱动器正的、串行数据输出。输出端的高电平对应正逻辑的逻辑 1。

(5) 引脚 5 Zero：置零输入。用于在任何希望清零的时候清零。清零的过程是在选择了旋转方向(UP/DOWN)后给该引脚一个高电平(脉冲持续时间≥100 ms)。为了最大程度地实现抗干扰，清零后需要把该引脚接地。

(6) 引脚 6 Data－：微分线路驱动器负的、串行数据输出。输出端的高电平对应正逻辑的逻辑 0。

(7) 引脚 7 Pulse－：负 SSI 脉冲输入。Pulse－和 Pulse＋形成一个电流回路。在

Pulse－输入端的一个大约 7 mA 电流产生一个正逻辑的逻辑 0。

(8) 引脚 8 DATAVALID、引脚 10 DATAVALID MT：诊断输出 DV 和 DV MT 以数据字的形式跳变。例如，由于 LED 或者感光器件导致故障发生，通过 DV 输出端就可以显示出来。此外多圈传感器单元的电源受到监控。一旦电源电压低于指定的电压电平，DV MT 输出端就被置位。这两个输出端都是低电平有效的，也就是说在发生故障时被接到 GND。

(9) 引脚 9 UP/DOWN：计算方向。当不连接该引脚时，输入为高电平。该引脚为高电平意味着面向法兰盘看过去的时候转轴顺时针旋转。该引脚为低电平意味着面向法兰盘看过去的时候转轴逆时针旋转。

(10) 引脚 11、引脚 12：没有用到。

七、变桨电机

变桨电机是变桨驱动的动力，变桨驱动装置由变桨电机和变桨减速器两部分组成。变桨电机是含有位置反馈和绕组温度检测传感器的伺服电动机。

1. 电机主要参数

型号：112.4.2。

种类：IM3001(3 相笼型转子异步电机)。

额定功率：4.5 kW，1500 r/min，S2 60 min。

最大转矩：75 N·m。

制动转矩：100 N·m。

额定电压：29 V。

额定电流：125 A。

额定功率因数：0.89。

绝缘等级：F。

转动惯量：0.0148 kg·m^2。

防护等级：IP 54。

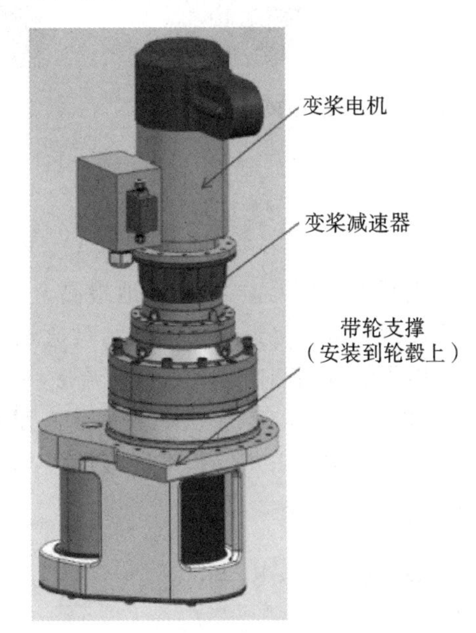

图 5-19 变桨电机

2. 变桨电机的 Harting plug X6

X6 是一个 10 针的 Harting plug。

Pin1 和 Pin2 为变桨电机冷却风扇 M2 提供电源，Pin3 和 Pin4 为变桨电机的电磁制动提供电源。这里提请注意的一点：电磁制动的原理。利用通电线圈产生的磁场吸引衔铁动作，使制动轮或衔铁与制动盘相互脱离；线圈断电后在弹簧的作用下释放衔铁，使制动轮或衔铁与制动盘相互摩擦实现制动。对于变桨系统而言，在开始变桨前，要给 K2 线圈上电，使 Y1 电磁制动线圈得电从而松开电磁制动；而当需要停止变桨时，K2 线圈掉电，使 Y1 线圈掉电从而报闸 Pin7 和 Pin8：KTY84 是硅材料温度传感器，也叫 IC 温度传感器，其特点是温度测量范围广、体积小、反应迅速。随着测量范围－40 ℃～＋300 ℃内温度升高，电阻值从 300 Ω 至 2700 Ω 基本呈线性变化。

八、限位开关

当变桨位置趋于90°位置时，限位工作位置撞块就会运行到限位开关上方，与限位开关撞杆作用。限位开关撞杆安装在限位开关上，当其受到撞击后，限位开关把信号通过电缆传递到安全链系统，风机报出限位故障，机组停机。

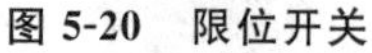

图 5-20　限位开关

图 5-21　限位开关安装位置

九、5°和87°接近开关

接近开关可以无损、不接触地检测金属物体。通过一个高频的交流电磁场和目标体相互作用实现检测。接近开关的磁场是通过一个LC振荡电路产生的，其中的线圈为铁氧体磁芯线圈带螺纹的圆筒，M18，抗交流磁场和直流磁场干扰，线直流连接，10～30 V DC，常开PNP输出，连接头，M12，镀铬黄铜。测量范围：8 mm±10%，运行温度范围：－40 ℃～85 ℃，采用3线制，PNP型，带屏蔽，输入电压：12～24 V DC，脉动(P-P)10%以下(10～30 V DC)。

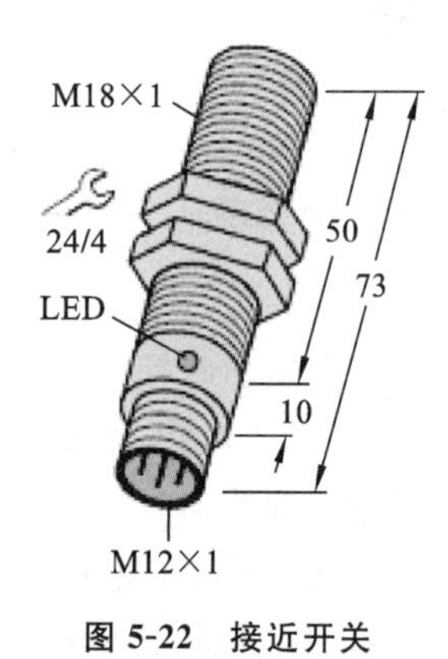

图 5-22　接近开关

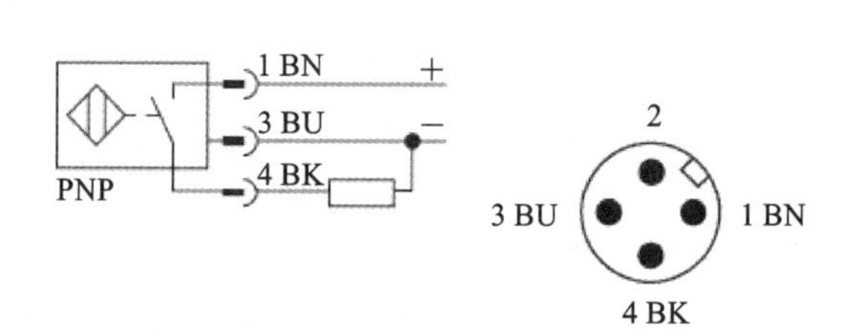

图 5-23　接近开关接线图

十、变桨系统倍福模块

变桨系统的倍福模块是变桨控制柜中 PLC 的控制核心，其内部载有变桨控制程序。此程序一方面负责变桨控制系统与主控制系统之间的通信，另一方面负责变桨控制系统外围传感器信号的采集处理和对变桨执行部件的控制。紧急状况下（如变桨控制系统突然失去供电或通信中断），三个变桨控制柜中的控制系统可以分别利用各自柜内超级电容存储的电能，分别对三只叶片实施 90°顺桨停机动作，使机组安全可靠地停下来。

图 5-24　变桨系统倍福模块组

1. BC3150 模块

总线端子控制器是带 PLC 控制功能的总线耦合器。控制器有一个 PROFIBUS-DP 现场总线接口，可在 PROFIBUS-DP 系统中作为智能从站使用。“紧凑型”总线端子控制器 BC3150 比较小巧且经济。BC3150 通过 K-Bus 总线扩展技术，可连接多达 255 个总线端子。PROFIBUS 控制器自动检测波特率，最大可至 12 MBaud，使用两个地址选择开关分配地址。总线端子控制器使用符合 IEC 61131-3 标准的 TwinCAT 进行编程。

接口用于装载 PLC 程序，如果使用软件 TwinCAT，则其 PLC 程序也可通过现场总线装载。所连接的总线端子的输入/输出在 PLC 的缺省设置中被赋值。可对每个总线端子进行配置，使其直接通过现场总线实现与上层控制单元的数据交换。同样，预处理的数据也可通过现场总线实现总线端子控制器和上层控制器之间的数据交换。

表 5-6　技术参数 2

技术参数	BC3150
过程映像的最大字节数	512 B 输入和 512 B 输出

续表

技 术 参 数	BC3150
数字量 I/O 信号	2040 输入/输出
模拟量 I/O 信号	128 输入/输出
参数设置	通过 KS2000 或现场总线
波特率	自动检测最大速率可至 12 MBaud
总线连接	1 个 D-sub 9 针接口
电源	24 V DC(－15%～20%)
最大输入电流	320 mA
启动电流	2.5 倍持续电流
K-Bus 供电最大电流	1000 mA
电源触点电压	最大 24 V DC
电源触点负载电流	最大 10 A
电气隔离	500 Vrms(电源触点/供电电压)
质量	100 g
工作温度	0 ℃～＋55 ℃
储藏温度	－25 ℃～＋85 ℃
抗振动/抗冲击性能	符合 EN 60068-2-6/EN 60068-2-27/29
抗电磁及瞬时脉冲干扰/静电放电	符合 EN 61000-6-2(EN 50082)/ EN 61000-6-4(EN 50081)
防护等级/安装位置	IP 20/可变

2. KL1104

KL1104 是 4 通道数字量输入端子(模块),24 V DC。

KL1104 数字量输入端子从现场设备获得二进制控制信号,并以电隔离的信号形式将数据传输到更高层的自动化单元。KL1104 带有输入滤波。每个总线端子含 4 个通道,每个通道都有一个 LED 指示其信号状态。KL1104 特别适合安装在控制柜内以节省空间。

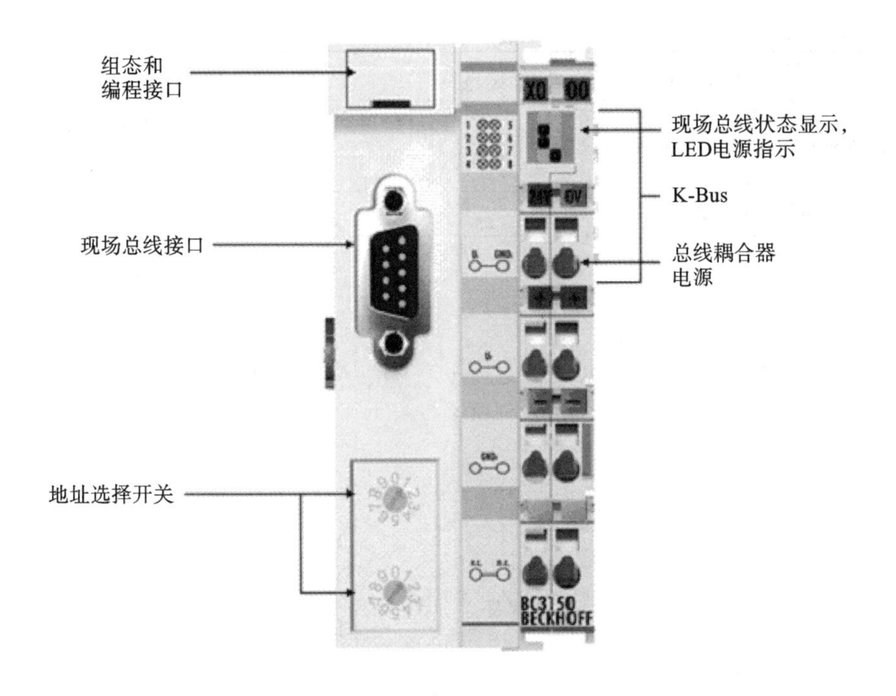

图 5-25　变桨系统倍福模块 1

表 5-7　技术参数 3

技 术 参 数	KL1104
输入点数	4
额定电压	24 V DC(－15％～＋20％)
“0”信号电压	－3～5 V
“1”信号电压	15～30 V
输入滤波时间	3.0 ms
输入电流	典型值 5 mA
K-Bus 电流消耗	典型值 5 mA
电气隔离	500 Vrms(K-Bus/现场电位)
过程映像中的位宽	4 个输入位
配置	无地址或通过配置设定
质量	55 g
工作温度	0 ℃～＋55 ℃
储藏温度	－25 ℃～＋85 ℃
相对湿度	95％,无凝结
抗振动/抗冲击性能	符合 EN 60068-2-6/EN 60068-2-27/29

续表

技术参数	KL1104
抗电磁及瞬时脉冲干扰/静电放电	符合 EN 61000-6-2(EN 50082)/ EN 61000-6-4(EN 50081)
防护等级/安装位置	IP 20/可变

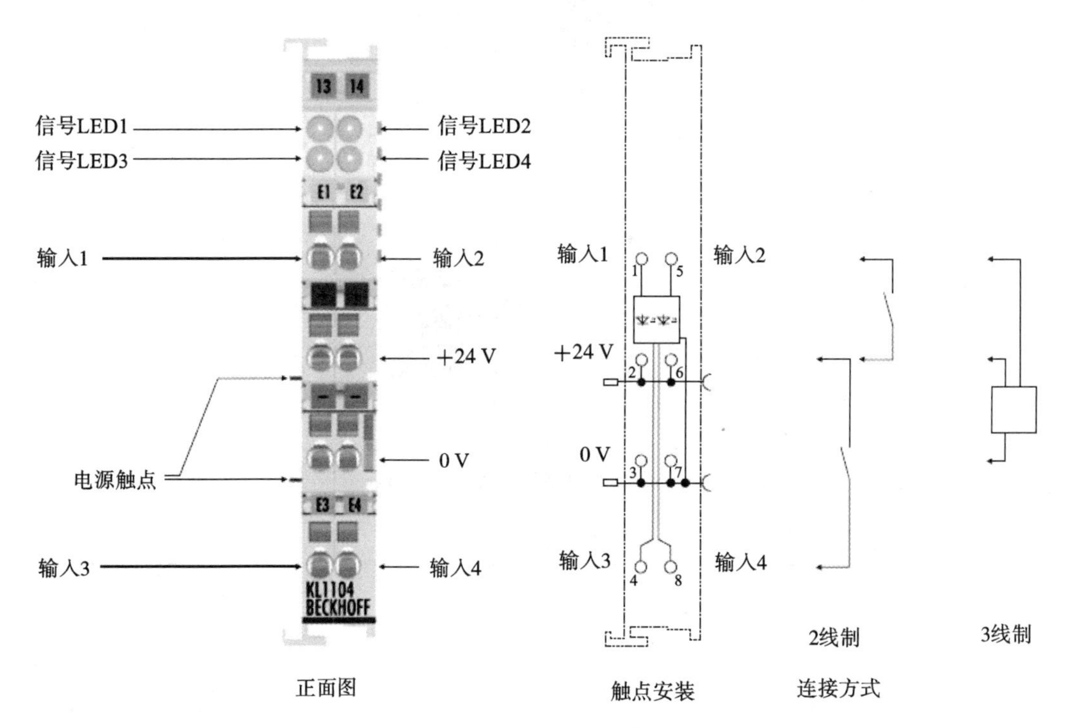

图 5-26　KL1104 倍福模块

3. KL2408

KL2408(正极变换)数字量输出端子将自动化控制层传输过来的二进制控制信号以电隔离的信号形式传到设备层的执行机构。

KL2408 有反向电压保护功能。其负载电流输出有过载和短路保护功能。每个总线端子含 8 个通道,每个通道都有一个 LED 指示其信号状态。它们特别适合安装在控制柜内以节省空间。这种连接技术尤其适用于单端输入。所有连接元件必须和 KL2408 同一接地。在闭环中所有电源触点互相连通。在 KL2408 中由 24 V 电源触点为输出供电。

表 5-8　技术参数 4

技术参数	KL2408
输出点数	8
额定电压	24 V DC(−15%～+20%)
负载类型	电阻性负载,电感式负载,灯类负载
最大输出电流(每通道)	0.5 A(短路保护),总电流 3 A

续表

技 术 参 数	KL2408
K-Bus 电流消耗	典型值 18 mA
负载电压电流损耗	典型值 60 mA
反向电压保护	有
电气隔离	500 Vrms(K-Bus/现场电位)
过程映像中的位宽	8 个输出位
配置	无地址或通过配置设定
质量	70 g
工作温度	0 ℃～＋55 ℃
储藏温度	－25 ℃～＋85 ℃
相对湿度	95%,无凝结
抗振动/抗冲击性能	符合 EN 60068-2-6/EN 60068-2-27/29
抗电磁及瞬时脉冲干扰/静电放电	符合 EN 61000-6-2(EN 50082)/ EN 61000-6-4(EN 50081)
防护等级/安装位置	IP 20/可变

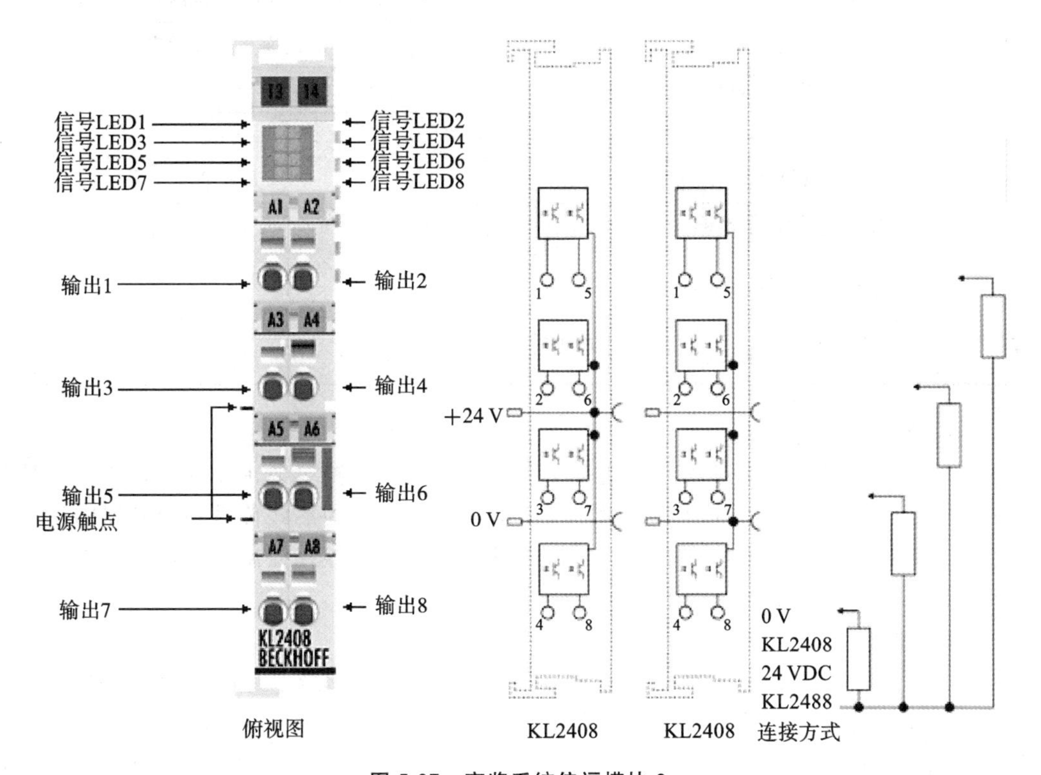

图 5-27　变桨系统倍福模块 2

4. KL3404

KL3404 是 4 通道模拟量输入端子(模块),可处理范围为－10～＋10 V 的信号。分辨率为 12 位,在电隔离的状态下被传送到上一级自动化设备。在 KL3404 总线端子中,有 4 个输入端为 2 线制型,并有一个公共的接地电位端。输入端的内部接地为基准电位。运行 LED 显示端子与总线耦合器之间的数据交换。

表 5-9 技术参数 5

技术参数	KL3404
输入点数	4
电源	通过 K-Bus 总线
信号电压	－10～＋10 V
内部阻抗	＞130 kΩ
分辨率	12 位
转换时间	约 2 ms
测量误差(总的测量范围)	0.3%(满量程)
电气隔离	500 Vrms(K-Bus/信号电位)
K-Bus 电流消耗	典型值 65 mA
过程映像中的位宽	输入:4×16 个数据位(4×8 控制/状态位可选)
配置	无地址或通过配置设定
工作温度	0 ℃～＋55 ℃
储藏温度	－25 ℃～＋85 ℃
相对湿度	95%,无凝结
抗振动/抗冲击性能	符合 EN 60068-2-6/EN 60068-2-27/29
抗电磁及瞬时脉冲干扰/静电放电	符合 EN 61000-6-2(EN 50082)/ EN 61000-6-4(EN 50081)
防护等级/安装位置	IP 20/可变

5. KL5001

KL5001 的 SSI 接口端子可直接连接 SSI 传感器。传感器电源由 SSI 接口提供。接口电路产生一个脉冲信号以读取传感器数据,读取的数据以字的形式传送到控制器的过程映像区中。各种操作模式、传输频率和内部位宽可以永久地保存在控制寄存器中。屏蔽线可直接连接 L9195 屏蔽端子。

6. KL4001

KL4001 模拟量输出端子可输出范围为 0～10 V 的信号。该端子可为处理层提供分辨率为 12 位的电气隔离信号。总线端子的输出通道有一个公共接地电位端。KL4001 是单通道型,适用于带有接地电位的电气隔离信号。它通过运行 LED 显示端子与总线耦合器之间的数据交换状态。

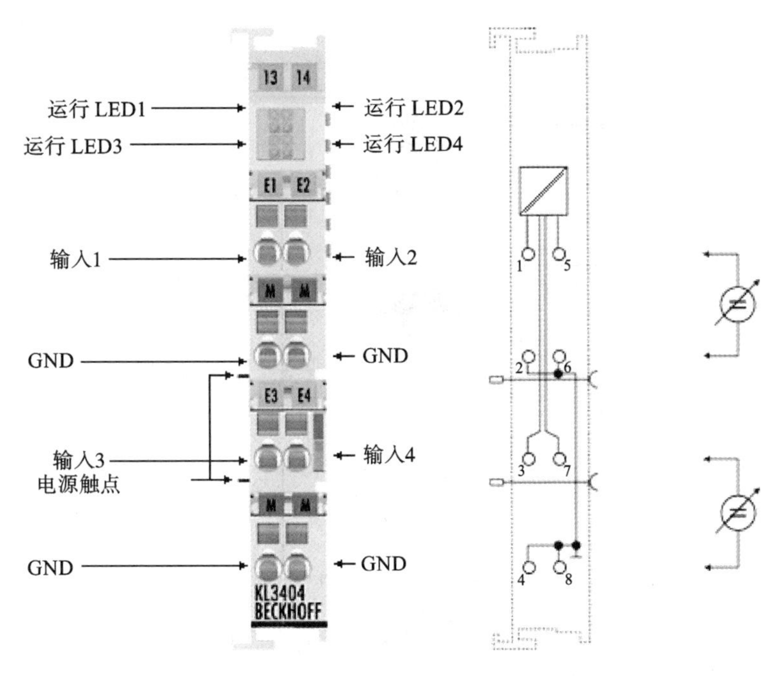

图 5-28　变桨系统倍福模块 3

表 5-10　技术参数 6

技术参数	KL4001
输出点数	1
电源	通过 K-Bus 总线
信号电压	0～10 V
负载	>5 kΩ(短路保护)
精度	0.5 LSB 线性度误差,0.5 LSB 偏离误差,0.1%满量程
分辨率	12 位
电气隔离	500 Vrms(K-Bus/信号电位)
转换时间	约 1.5 ms
K-Bus 电流消耗	75 mA
过程映像中的位宽	输出:1×16 个数据位(1×8 控制/状态位可选)
配置	无地址或通过配置设定
质量	85 g
工作温度	0 ℃～+55 ℃
储藏温度	−25 ℃～+85 ℃
相对湿度	95%,无凝结
抗振动/抗冲击性能	符合 EN 60068-2-6/EN 60068-2-27/29
抗电磁及瞬时脉冲干扰/静电放电	符合 EN 61000-6-2(EN 50082)/EN 61000-6-4(EN 50081)
防护等级/安装位置	IP 20/可变

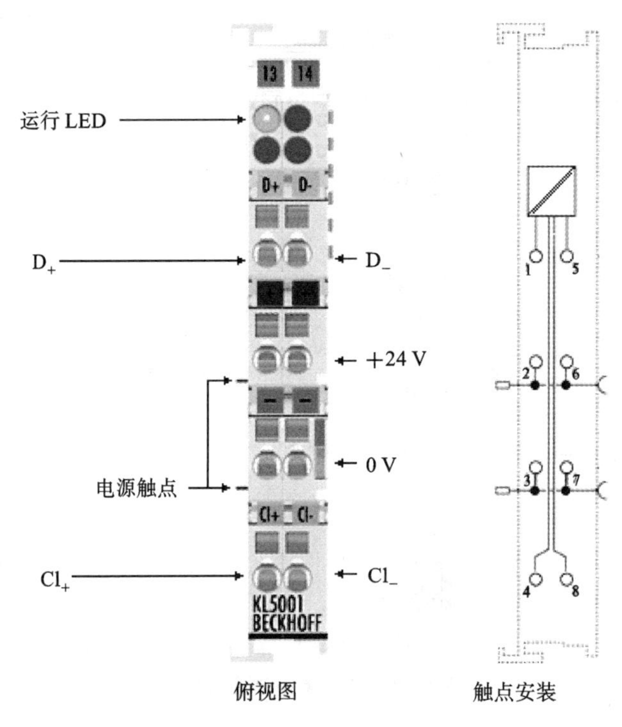

图 5-29　变桨系统倍福模块 4

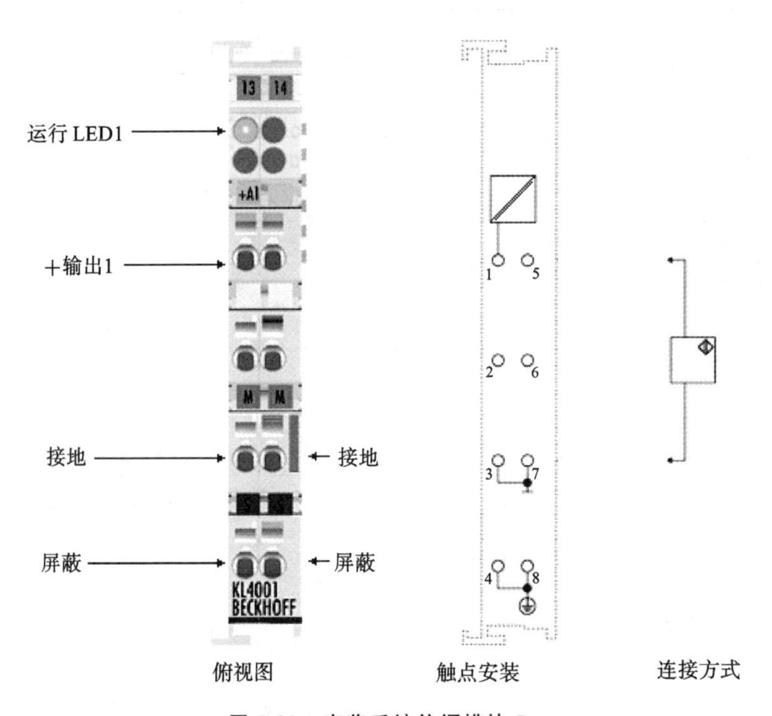

图 5-30　变桨系统倍福模块 5

第四节 变桨系统故障

一、变桨电容电压不平衡

故障原因分析：

(1) NG5 输出电压不正常。

(2) 超级电容损坏。

(3) 监测超级电容电压的 A10 自制模块损坏或线路虚接。

(4) 接收电容电压的模拟量输入信号模块 KL3404(A5)损坏。

(5) 电磁刹车继电器、电磁刹车动作不灵敏导致电容充电没有放电快。

(6) 干扰引起监测电容电压信号跳变。

故障排查过程如下。

第一步：检查 NG5 的充电状况，并进行断开电源重新上电的操作，观察 NG5 能否正常工作，并测量其输出电压(拔掉 NG5 与电容插头)是否正常。注意：K8 继电器是主控控制 NG5 启动关断的继电器，正常情况下 K8 应该不得电。

输出电压不正常：测量 NG5 输入 400 V AC 供给是否正常，如果输入还正常，则更换 NG5。

输出电压正常：说明 NG5 可以正常工作，则开始进行其他故障点的排查。

第二步：如果确定 NG5 没有问题，测量超级电容到 AC2 的实际输出电压是否正常，如果不正常，则说明超级电容损坏，请更换全部电容。如果电压正常，则说明超级电容工作正常，开始进行其他故障点的排查。

第三步：如果 NG5、超级电容都正常，则说明电压监测出现问题，测量 A10 输入电压高电压是否为 60 V，低电压为 30 V。如果输入电压不正常，则检查端子接线或 A10 接线是否松动。如果输入电压正常，则检查输出信号电压 U30 和 U60 电压是否为 2.8 V 和 5.5 V 左右，如偏差太多，说明 A10 损坏，更换 A10 模块。如果 A10 模块输出正常，则说明 A10 模块没有损坏，开始进行其他故障点的排查。

第四步：如果 NG5、超级电容、A10 模块都正常，则说明 KL3404(A5)模块可能存在问题，更换一个新的 KL3404 模块。如果更换了新的模块故障仍然存在，则说明 KL3404 模块可以正常工作，开始进行其他故障点的排查。

第五步：如果 NG5、超级电容、A10 模块、KL3404(A5)模块都正常，则说明可能是由于 AC2 输出电流过大导致电容来不及充电(结合 b 文件分析)，电压低到故障值。一般这种情况出现相应的变桨电机输出电流较大，变桨电机温度会很高，通过查看故障文件如果发现变桨电机的温度确实很高，则检查电磁刹车继电器是否正常动作、电磁刹车绕组是否正常，还有是否减速器有问题导致电机超负荷运行。如果以上情况都不存在，则开始进行其他故障点的排查。

第六步：如果NG5、超级电容、A10模块、KL3404(A5)模块都正常，电机也不过流，则说明此故障是干扰，但是干扰的来源有很多，有可能是A10的接地问题，有可能是24 V DC电源模块的负极插头接触不良，也有可能是整个变桨柜的接地不好。

二、变桨逆变器OK信号丢失

故障原因分析：

(1) 变桨逆变器温度高，AC2自我保护。

(2) 变桨电机缺相，电机绕组损坏。

(3) A10模块接线松动或A10模块损坏。

(4) AC2接线松动或损坏。

(5) 旋转编码器计数发生跳变。

故障排查过程如下。

第一步：在就地监控面板上查看“变桨逆变器OK”信号闪烁次数，或在b文件(打开方式Excel)第6008行，Q、R、S列，使用profi_in_pitch_converter_ok信号作图观察脉冲个数。

第二步：了解了“变桨逆变器OK”信号闪烁的次数，可以参照下表对故障进行初步判断。

表5-11　变桨逆变器状态表

情　　况	报警类型	描述(动作)
声音信息+红色LED闪烁	电池	电池未连接或者不符合要求 (检查连接和额定电压情况)
声音信息+黄色LED闪烁	热传感器	充电过程中热传感器未连接或超出其工作范围 (检查传感器的连接并测量电池温度)
声音信息+绿色LED闪烁	超时	第1、2阶段同时或者其一持续一段时间超过允许最大值 (检查电池容量)
声音信息+红、黄LED闪烁	电池电流	失去对输出电流的控制 (控制逻辑故障)
声音信息+红、绿LED闪烁	电池电压	失去对输出电压的控制 (电池未连接或控制逻辑故障)
声音信息+黄、绿LED闪烁	选择	选择了不能使用的配置模式 (检查选择器的位置)
声音信息+红、黄、绿LED闪烁	过热	半导体器件过热 (检查风扇工作情况)

三、变桨位置传感器故障

故障原因分析：

(1) 5°接近开关与挡块的距离太远或5°挡块没调整合适。

(2) 5°接近开关损坏。

(3) 5°接近开关接线外皮磨损，接近开关插针或屏蔽层损坏。

(4) 5°接近开关质量问题，长亮或长灭。

(5) 旋转编码器跳变。

(6) 数字量采集模块 KL1104(A4)损坏。

故障排查过程如下。

第一步：手动变桨到5°挡块位置，通过就地监控面板显示的变桨位置和实际位置的对比，判定接近开关与挡块的位置是否合适，如果不合适请对该只叶片的旋转编码重新清零并调整所有挡块。如在今后的运行过程中，再次出现同样的情况，建议更换旋转编码器。如果位置合适，则进行进一步的故障判断。

第二步：如果变桨的实际位置和显示的位置一致，说明不是旋转编码器的问题，可能是接近开关本身存在问题，调整桨叶位置使接近开关感应区靠近挡块，观察接近开关是否变亮，同时在面板上监控"5°接近开关"信号是否变为蓝色高电平，如信号不是蓝色高电平而接近开关变亮，请尝试更换 KL1104(A4)。如果不变亮，则查看接近开关与挡块平面的垂直距离是否合适(正常应该为2～3 mm)，如发现是由于距离太远请调整垂直距离，如发现距离太近导致接近开关磨损，请更换接近开关。如以上操作后接近开关仍然不亮，说明不是接近开关的问题，请检查5°接近开关传感器到 KL1104(A 4)模块之间的接线，尤其是 X8 哈丁头内部接线、接近开关插针或端子排接线是否损坏或虚接，如接线没有问题请进行进一步的排查。

第三步：如发现现场使用的是"TURCK"品牌的接近开关，请更换为"Omron"牌接近开关。因为"TURCK"品牌的接近开关存在长亮不灭或长灭不亮的现象。

变桨限位开关故障原因分析：

(1) 旋转编码器问题。

(2) 限位开关问题。

(3) 87°接近开关损坏。

(4) A3 模块 KL1104 损坏。

故障排查过程如下。

第一步：查看 f 文件中变桨数据，查看变桨角度和限位开关状态。如果变桨角度小于91°，但限位开关状态显示为 off，则检查限位开关、限位开关的电缆及 A2 KL1104 模块的 E2 通道。

第二步：变桨角度和限位开关状态均正常，查看 b 文件中旋转编码器的读数，读数是否不变或有跳变的情况。如果发现旋转编码器的读数不变或读数有跳变，则检查旋转编码器。

第三步：如果旋转编码器正常，检查87°接近开关。检查87°接近开关动作是否正常，如果动作不正常，则检查接近开关、接近开关电缆及 A3 KL1104 模块。

故障说明：

机组一般情况下是不会报出 error_pitch_position_end_switch（变桨限位开关故障），变桨冲限位开关肯定会先报出其他故障。变桨冲限位请查看 f 文件和 b 文件，查看 5°、87°接近开关及旋转编码器的故障。只有 87°接近开关失效才可能引起变桨冲限位开关故障。

故障原因分析：

(1) 92°限位开关与挡块的距离太远或挡块没调整合适。

(2) 92°限位开关损坏。

(3) 92°限位开关接线外皮磨损，或屏蔽层损坏。

(4) K3 继电器或其反并联的续流二极管损坏。

(5) 数字量采集模块 KL1104(A4)损坏。

检查点：

(1) 手动变桨到 92°位置，检查限位开关与挡块平面的距离。

(2) 检查 92°挡块的位置是否合适。

(3) K3 继电器，如正常情况下不冲限位 K3 应该长亮，冲线位 K3 灭且其触点能够正动作。

(4) 手动变桨到 92°位置观察，如 K3 熄灭，查看数字量采集模块 KL1104(A4)对应的指示灯，灯熄为正常。

(5) 查看限位开关内部触点接线松动或断开。

(6) 检查线缆有无损伤，检查从限位开关到 KL1104(A4)之间线缆是否磨破，连接哈丁头是否松动，或哈丁头内部接线断开或内部端子松动。

四、变桨安全链

故障原因分析：

(1) 变桨几乎所有的故障都会报变桨安全链故障，通常伴有其他故障发生。

(2) 安全链回路接线松动(包括端子排和哈丁接头)。

(3) K4(或 17K4)继电器辅助触点损坏。

(4) 滑环安全链接线滑轨损坏。

(5) 机组接地不好或 DP 头接线质量太差，引发 DP 故障并以变桨安全链形式报故障。

(6) KL2408 损坏。

检查点：

(1) 检查变桨安全链回路接线是否松动。

(2) 检查 K4 继电器是否损坏。

(3) 如果是 DP 故障，则检查 DP 接头、转接头、BC3150、各个倍福模块尤其是 KL2408 模块和模拟量的模块。

五、变桨充电器故障

故障原因分析：

(1) 市电不正常，输入电源电压不平衡造成 NG5 损坏。

(2) 防雷模块损坏。

(3) NG5 内部保险烧毁，造成缺相。

(4) Switch 变流系统的滤波电容损坏导致电压波动。

(5) 其他元器件短路导致 NG5 损坏。

(6) K8 继电器损坏(注：K8 继电器是主控控制 NG5 启动关断的继电器，正常情况 K8 应该不得电)。

(7) 变桨柜主断路器损坏造成缺相。

(8) KL1104 接收充电器 OK 信号模块损坏。

故障排查过程如下。

第一步：检查变桨柜主断路器和防雷模块的输入和输出电压是否正常，相间电压是否平衡。

第二步：检查 NG5 的充电状况，并进行断开电源重新上电的操作，观察 NG5 能否正常工作，并测量其输出电压(拔掉 NG5 与电容插头)是否正常。输出电压不正常：测量 NG5 输入 400 V AC 供给是否正常，如果输入不正常，则更换 NG5。

第三步：查看 K8 继电器及其触点是否正常。

第四步：尝试更换对应的 KL1104 模块。

第五步：测量 Switch 变流系统的滤波电容的容值。

六、变桨速度比较故障

故障原因分析：

(1) 变桨齿形带是否有松动现象。

(2) 旋转编码器输出信号有问题。

(3) KL4001 模块输出有偏差。

(4) AC2 输出未按 PLC 模块执行。

(5) KL5001 和旋转编码器损坏。

(6) 变桨电机电磁刹车出现问题。

(7) 旋转编码器与变桨电机的机械连接存在打滑。

故障排查过程如下。

第一步：请全面检查柜体内外的接线是否有脱落或松动现象，柜体和旋转编码器的接线与线路屏蔽层接触是否良好。同时，也要检查变桨齿形带是否有松动现象，并检查变桨支架等机械部件。

第二步:用手动方式变桨,看叶片旋转速度是否正常,正常为2.5°/s。如果手动变桨速度正常,则查看自动变桨速度是否正常;如果不正常,则测量KL4001的1号口输出电压,正常情况下变桨不动作时其输出电压为4.8～5.0 V。如果测量电压不正常,则更换KL4001模块;如果输出电压正常,则进行进一步的排查。如果手动变桨速度也不正常,则检查AC2的插针和接线,如一切正常尝试更换AC2。

第三步:如果还是叶片速度不正常,则需要检查KL5001。如果KL5001和旋转编码器接线没有问题,则尝试更换KL5001。

第四步:如果更换KL5001模块后,变桨速度仍然不正常,则进行旋转编码器的检查。对旋转编码器的检查,主要是查看旋转编码器与变桨电机的机械连接是否存在打滑的现象。

第五步:用手动方式变桨过程中,观察变桨电机的刹车是否有正常动作的声音,如果没有动作,就应该检查12K2是否损坏并检查电磁闸回路;如果没有问题,则可以考虑变桨电机的刹车系统已经有机械损坏。

变桨速度比较故障原因分析:

(1) 变桨齿形带是否有松动现象。

(2) 旋转编码器输出信号有问题。

(3) KL4001模块输出有偏差。

(4) AC2输出未按PLC模块执行。

(5) KL5001和旋转编码器损坏。

(6) 变桨电机电磁刹车出现问题。

(7) 旋转编码器与变桨电机的机械连接存在打滑。

故障排查过程如下。

第一步:请全面检查柜体内外的接线是否有脱落或松动现象,柜体和旋转编码器的接线与线路屏蔽层接触是否良好。同时,还要检查变桨齿形带是否有松动现象,并检查变桨支架等机械部件。

第二步:用手动方式变桨,查看叶片旋转速度是否正常,正常为2.5°/s。如果手动变桨速度正常,则查看自动变桨速度是否正常;如果不正常,则测量KL4001的1号口输出电压。正常情况下变桨不动作时其输出电压为4.8～5.0 V,如果测量电压不正常,则更换KL4001模块;如果输出电压正常,则进行进一步的排查。如果手动变桨速度也不正常,则检查AC2的插针和接线,如一切正常尝试更换AC2。

第三步:如果还是叶片速度不正常,则需要检查KL5001。如果KL5001和旋转编码器接线没有问题,则尝试更换KL5001。

第四步:如果更换KL5001模块,变桨速度仍然不正常,则检查旋转编码器。对旋转编码器的检查,主要是查看旋转编码器与变桨电机的机械连接是否存在打滑的现象。

第五步:用手动方式变桨过程中,观察变桨电机的刹车是否有正常动作的声音,如果没有动作,则应该检查12K2是否损坏并检查电磁闸回路;如果没有问题,则可以考虑变桨电机的刹车系统已经有机械损坏。

七、变桨速度超限

故障原因分析：

（1）旋转编码器受到干扰，内部器件损坏。

（2）旋转编码器插头出现松脱现象，导致接触不良。

（3）由旋转编码器到 KL5001 的信号回路上出现接触不良问题，或 X3 端子排出现问题。

（4）旋转编码器插头处的屏蔽层接触不良或未接触，致使干扰信号进入信号回路，数据出现跳变。

检查点：

（1）检查旋转编码器的插头及插头处的屏蔽层连接。

（2）检查旋转编码器信号线到变桨柜的哈丁插头的屏蔽层的连接。

（3）检查 X3 端子排上的接线及 KL5001 上的接线，并检查 X3 端子排的压敏电阻是否良好。

若以上检查都良好，则建议更换旋转编码器。

八、变桨位置比较故障

故障原因分析：

（1）齿形带张紧度有问题，太松或太紧。

（2）旋转编码器跳变或损坏，导致叶片位置突变或变桨速度突变或旋转编码器与电机连接块松动。

（3）AC2 损坏，不能正确地接收来自主控 KL4001 发出的电压信号。

（4）BC3150 损坏或 KL4001 损坏导致对 AC2 的输出错误。

（5）KL5001 损坏，不能正确地接收旋转编码器的位置信号。

（6）变桨电机或电磁刹车有问题，不能很好地执行变桨。

（7）线路虚接和其他干扰引起角度信号跳变。

故障排查过程如下。

第一步：请全面检查柜体内外的接线是否有脱落或松动现象，并对柜体内的 KL4001 模块和 KL5001 模块的指示灯显示是否有异常现象，可以与其他两个柜子相互对照，如有予以更换。测试一下齿形带的张紧度，或手动变桨看变桨时皮带是否有异响。

第二步：检查故障后的叶片是否正常回收到 87.5°，如果没有收回叶片，可能是 AC2 损坏，然后将叶片模式改换为维护状态，用手动方式变桨看叶片能否正常工作，如果不能工作，则测量 KL4001 模块 1 和 3 端子电压是否输出正常；如果输出不正常，则更换 KL4001。

第三步：如果叶片变桨不能正常工作，叶片在工作时慢慢蠕动或来回扭动，则检查 KL5001 与旋转编码器的接线是否有破损或松动。如果没有发现异常，则更换 KL5001 模块。如果故障仍然存在，则需要更换旋转编码器。

第四步：如果叶片变桨不能正常工作，叶片在工作时脉冲式窜动，则可能是变频器 AC2 损坏。

第五步：如果叶片变桨能正常工作，请仔细观察叶片在工作过程中是否有角度值跳变的现象，也可以在故障文件 b 中观察角度值是否有跳变的现象，如果有，则检查柜体和旋转编码器的接线与线路屏蔽层接触是否良好。如果确定线路没有问题，则需要更换旋转编码器。

第六步：用手动方式变桨过程中，观察变桨电机的刹车是否有正常动作的声音，如果没有动作，则应该检查 12K2(K2)是否损坏并检查电磁闸回路；如果没有问题，则可以考虑变桨电机的刹车系统是否有机械损坏。

九、变桨电机温度故障

变桨电机温度高过 150°时报该故障，当温度低于 100°时自复位。

故障原因分析：

(1) 变桨电机温度模拟量检测信号模块(KL3204)损坏。

(2) 变桨电机温度检测模块正常，检测信号传输线路损坏或者虚接。

(3) 变桨电磁刹车控制回路的继电器触电损坏，导致正常变桨情况下，闸体抱死，导致变桨温度升高。

(4) AC2 变频器出问题，高频地输出变桨信号，让电机不间断变桨，导致温度升高。

(5) 变桨电机损坏。

(6) 变桨电机散热风扇损坏，或者电机上的接线盒损坏，虚接。

故障排查过程如下。

第一步：检查变桨电机是否损坏，持续的高温运转相对变桨电机的损坏来说相对简单，各个信号都正常，上电情况下，电机不运转，手动状态，FB 方向变桨也不反应，大致可以判断电机的好坏，一般电机损坏的情况比较少。

有种出现该故障的原因是，发电机通过 Gspeed 计算出转速 Wg，这个转速有可能会使变频器输出的电压带有谐波，造成叶片在原有的轨迹上做往返运动，高频运动造成电机温度过热。

第二步：变桨电机正常的情况下检查电机后盖散热风扇，通过目测，在电机运行的情况下，风扇是否运行，容易判断出风扇是否运转，如果有故障，则进一步检查接线盒是否有接线问题，再进入柜体检查。

第三步：检查变桨电机温度检测模拟量信号模块 KL3204 的好坏，将万用表笔打到对应的量程范围，检测在变桨电机停机情况下和手动变桨情况下 X3 的输入量信号。同时和其他两台柜体中的模块进行比较。再将两个柜体中的 KL3204 互相更换查看检测情况或者更换一个新的 KL3204 模块，如果正常，则继续其他故障点的排查。

第四步：假如上面模块正常，则检查线路之间的传输线路是否正常，通断情况下，如果正常，则可以进行其他故障点的排查。

第五步：在手动状态下，检查变桨控制回路中的继电器 K2 和 K3 是否正常，检查触点是

否正常，检查继电器是否带电。在手动变桨状态下，检查继电器的触点能否接触，检测触点电压，各柜体之间是否有差别，如果正常，则可以进行其他故障点的排查。

第六步：检查AC2是否正常，检查AC2的CPTO的E1端电压输出是否正常，在手动状态下是否有电压输出，通过检查K2和K3继电器的触电以及AC2的E1端口的输出电压，大致可以判断出闸体是否正常。继续对闸体本身进行检查，如果正常，则可以继续其他故障点的排查。

十、变桨电容温度故障

故障原因分析：

(1) 变桨电机模拟量检测模块KL3204损坏。

(2) 模拟量检测模块信号传输线路损坏或虚接。

(3) 超级电容温度检测PT100损坏。

(4) 超级电容连续快速地冲放电导致温度过高。

(5) 直流电流谐波过高引起电容温度变化。

检测方法：

(1) 检查模拟量检测模块KL3204是否正常，或者更换新的KL3204模块来判定是否损坏，如果正常，则可以排除该故障，进行其他故障的排除。

(2) 检测与KL3204模块相连的X2端子排的线头是否有虚接情况，是否连接牢靠。

(3) 拆卸X2的21、22端子，测量PT100的阻值，如果正常，则进行其他故障检查

(4) 用万用表检查电容电压情况，有无持续的冲放电过程，继而检查NG5的好坏，如果正常，则检查超级电容自身的好坏，拆去串联桥，检测单独的电容容量及两者串联的电容容量，最后检测电容串联电压和电容整体串联电压。

十一、变桨PLC电源故障

故障原因分析：

(1) F6保险损坏造成控制失电。

(2) BC3150损坏。

(3) 变桨系统整体掉电。

(4) DP干扰等问题。

故障排查过程如下。

第一步：首先通过万用表检查变桨系统400 V供电是否丢失。

第二步：观察是否子站出现故障，导致数据全部丢失。

第三步：检查柜体内24 V控制回路保险是否烧坏，确定有无24 V短路情况。

第四步：假如以上均正常，则检查BC3150是否正常，如果损坏，则进行更换处理。

此故障在现场单独报出的频率很低，由于掉电或通信问题所产生的附属故障较多，基本为外围供电突然掉电或总线问题，也有元器件本身原因，处理故障时一定要分清楚哪些为根

本性故障，哪些为附带故障，这样才能一步到位地检查处理。

十二、变桨旋编警告

故障原因分析：

(1) 旋转编码器线路接线松动。

(2) A4 模块 KL1104 损坏。

(3) KL1104 接线松动。

故障排查过程如下。

第一步：查看 f 文件中变桨数据，找出是哪一只变桨柜报的旋编警告故障。

第二步：检查 A4 模块 KL1104 的 E1 通道的指示灯，如果指示灯不亮，则用万用表测量 1 号端子对地直流电压；如果有 24 V 电压，则说明旋编警告信号是正常的，请更换 KL1104 模块。

第三步：如果检测没有电压，则检查旋转编码器 10 号线到 KL1104 的线路，检测是否有虚接、短路的情况。

第四步：如果线路检查没有问题，则更换旋转编码器。

故障说明：

此信号乃旋转编码器电源是否有效反馈信号，旋转编码器正常时这个信号为高电平。

教学提示：

本章主要介绍风力发电机组变桨系统各个元器件的原理与应用，重点介绍了变桨系统中的控制原理。变桨系统故障的处理是本章的核心，通过变桨系统故障的举例与实操训练，使同学们能处理现场故障，增强学生处理故障的体验感，为将来成为合格的运维工程师奠定基础。处理故障过程中学生自己选择处理方案，互相讨论，对比分析，之后找出最优的处理措施。培养学生发现问题、分析问题、解决问题的能力，同时培养学生的劳动精神以及执着专注、精益求精、一丝不苟、追求卓越的工匠精神。

第六章 风力发电机组运行维护常用工具

第一节 液压扳手使用介绍

1. 液压软管的连接

在连接软管前，必须先对软管连接口处以及扳手头和液压泵连接口处进行清理，以防杂质进入油中，影响压力值的精确度。

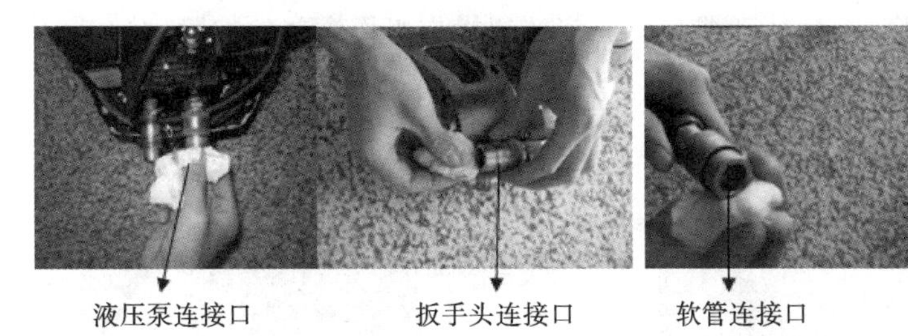

图 6-1 液压软管接头

软管与扳手阴螺纹接头，手工拧紧螺纹接头锁紧环，不需要使用工具。

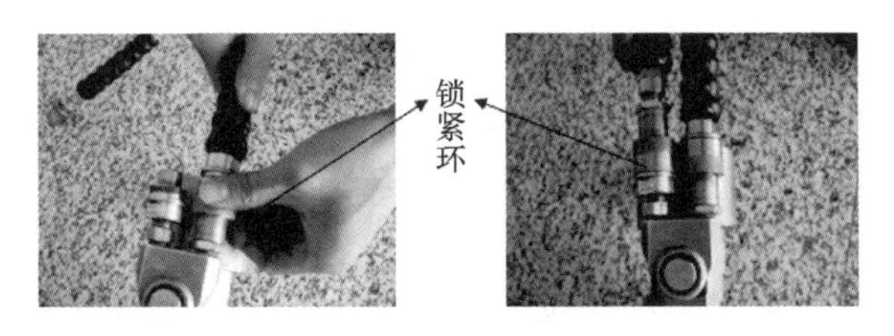

图 6-2 液压软管接头

液压泵的阴螺纹接头为自锁式，将成对接头按在一起，直到接头锁紧环咬合好为止。

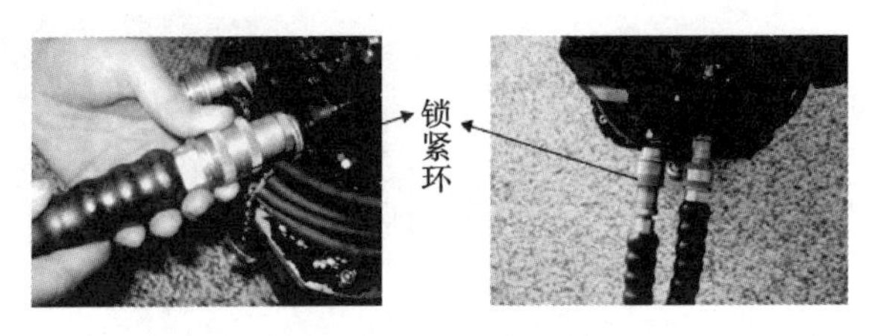

图 6-3　液压软管连接

如果要断开连接，请松开锁紧环，使连接处自动脱开，切勿用力拉。在取下软管后必须将泵接口帽旋紧，扳手头放置专用箱中进行保护，软管两头对接，以防止杂质和沙土进入。

图 6-4　液压站接口

注：第一次将扳手连接到泵上时，液压管路中会滞留空气。此时，应在泵下方放置扳手并伸直软管，然后在空载状态下操作扳手，直到它能顺畅旋转为止。

2. 操作

检查泵的油位，根据需要加油。

将设备连到电源上。等到 LCD 上显示“OK”或“0”后，再按下保护罩或控制手柄开关上的任何按钮。

注：在启动顺序中，微处理器会将任何按钮操作当作潜在的故障，并会阻碍电机的启动。将电源断开 10 秒以便重置。

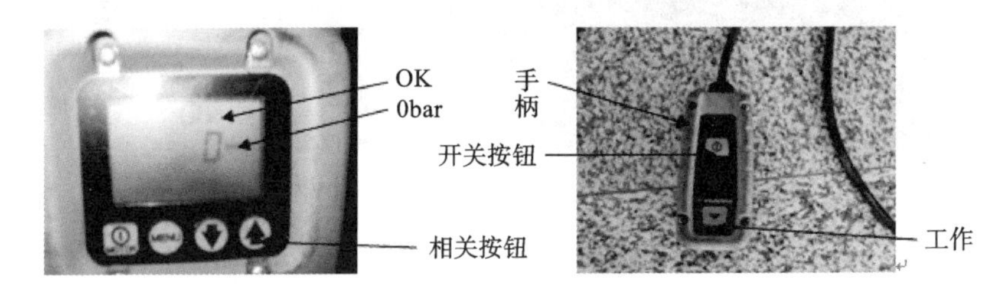

图 6-5　液压站手柄

调节时先将手柄上的开关按钮按一下，按下工作按钮，打开旋松调节手柄的锁定片，再调节手柄(顺时针为增大压力值，逆时针为减小压力值)，并根据扭矩对照表确定需要的扭矩值对应的液体压力值，以满足扭矩要求。调节好压力值后将锁定片锁定，以防止在使用的过程中力矩值发生改变。

调节好之后将扳手头卡到螺栓上，按一下手柄上的开关按钮，按下工作按钮扳手头将自动紧固螺栓力矩，当扳手头的行程达到最大(扳手头不再转动)时，松开手柄上的工作按钮，当听到咔嗒咔嗒的声音时重复以上操作，直到力矩值达到预先设置的力矩值，再进行下一个螺栓的紧固工作。为了使螺栓均匀受力，采用螺栓对角紧固的方法。

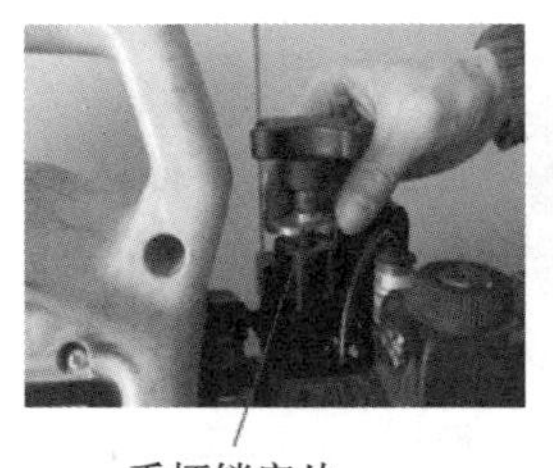

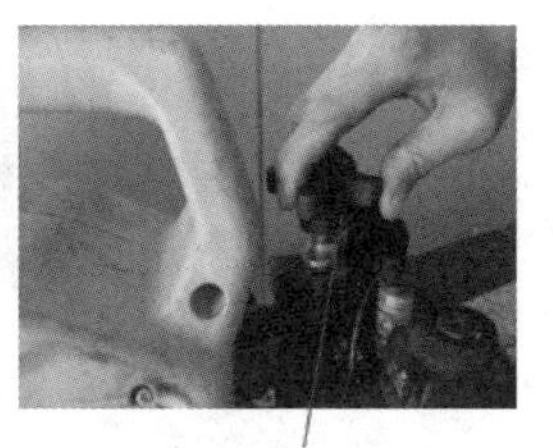

图 6-6　调节手柄

工作时注意手远离转动部件和扳手头的承力处。

图 6-7　力矩检验

使用完结后将液压泵的压力卸压，即将调节压力手阀旋松。

将所有连接管路拆下，放好。连接软管盘圈对接，扳手头放进专用箱子内。

3. 扳手头换向

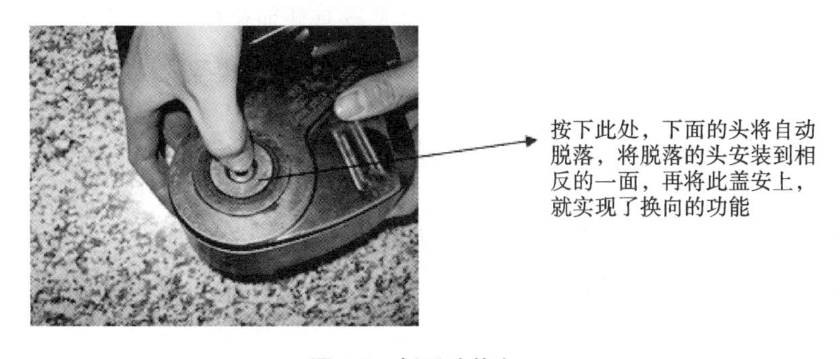

图 6-8　扳手头换向 1

4. LCD 操作按钮

此液压扳手泵 LCD 面板下方配备了四个按钮开关，从左到右依次为：

(1) on/off(开/关)按钮，用于关闭电机。即便泵并未处于现场操作模式，而使用控制手柄开关进行操作，此按钮仍然可以实现电机关闭功能。

(2) Menu(菜单)按钮允许操作员从正常运转模式进入菜单。重复按该按钮，即可浏览不同菜单。按下 Menu(菜单)按钮还会保存所做的任何修改。要返回正常运转模式，请按住 Menu(菜单)按钮 2 秒钟，或在 60 秒内不按任何按钮。

(3) 向下箭头和向上箭头按钮可实现两种目的：当显示屏上显示某个菜单时，向下箭头和向上箭头可以用来浏览菜单选项；当泵处于“现场操作模式”时，向上箭头按钮则是用于切

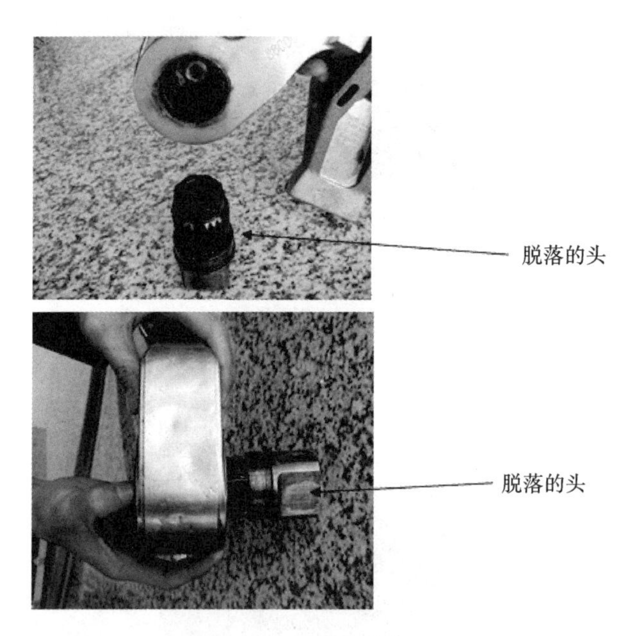

图 6-9　扳手头换向 2

换 B 和 A 螺线管的(控制手柄开关在现场操作模式下将不起作用)。

5. 可用菜单

(1) Automode(自动模式)将转矩扳手“自动循环”模式设置为 ON(开)或 OFF(关)。如果 AutomodeOFF(自动模式处于关的状态),SetPres(设定压力)菜单或 HIPRESS(高压)菜单将不可用,并且“设定压力”或“高压”压力值对泵没有任何影响。

(2) 自动模式下设置转矩,使用扳手以 50 psi(3.5 bar)的增量调整前进口压力值。不允许超过泵体的最大值。

(3) Units(单位)将压力单位设置为 PSI/BAR/MPa,PSI 为缺省设置。

(4) MOTOR(电机)显示电机运转小时计数器和开/关循环计数器(不可重新设定)。

(5) LOWVolt(低电压)显示低电压状况小时计数器(不可重新设定)。

(6) Advance(进程)显示电磁阀进程状态工作小时计数器和开/关循环计数器(不可重新设定)。

(7) Retract(回程)显示电磁阀回程状态工作小时计数器和开/关循环计数器(不可重新设定)

(8) Local(泵上操作)设定泵的泵上操作模式开/关。

(9) Language(语言)将语言显示设定为英语/西班牙语/法语/意大利语/德语/葡萄牙语,以英语为缺省设置。

(10) Diagnose(错误诊断)显示来自控制手柄和其他电气附件的输入信号。

6. 注意

危险:为了防止造成人身伤害,在操作过程中请不要将手脚靠近转矩扳手作用臂和工件。

警告:系统的最大压力决不能超过系统中最低压力等级元件的最大工作压力。

只能在系统全部连接好后才能使用油缸，决不能在系统未完全连接时使用油缸。如果油缸极度过载，各部件将产生不可挽回的损坏，其结果会导致极为严重的人身伤亡。

避免：避免损坏软管。在排放软管时应避免过度弯曲和绞结软管。使用过度弯曲或绞结的软管将会产生极大的背压。过度弯曲和绞结软管将损坏软管内部结构，从而导致油管过早失效。

避免将重物砸压在油管上，剧烈的冲击会对油管内部钢丝编织产生损害。给有损伤的油管加压会导致油管爆裂。

避免用手触摸打压状态的软管。飞溅出的压力油能射穿皮肤，导致严重的伤害。如有压力油溅到皮肤上，请立即去看医生。

7. 使用注意事项

(1) ENERPAC 产品中的各型号液压扳手(包括其他品牌的液压扳手)在使用扳手泵时均可在泵的液压油输出流量及油箱容积足够的情况下使用同一扳手泵上调定不同的输出压力，以满足您所需要的扭矩。

(2) 扳手在使用前请仔细熟读液压扳手及电动(或气动)液压泵的使用说明书，说明书可以指导您正确地操作液压扳手及电动(或气动)液压泵。

(3) 因中西方文化的差异，说明书中所标称的额定工作能力是最大(MAX)能力(此时所余的安全系数已极低)，与国内习惯的工作能力(尚可能有 20%～50%的安全系数)有根本不同，务必高度注意！除非必要时，请在额定工作能力的 80%范围内安全正确地使用 ENERPAC 液压扳手。

(4) 当扳手确需工作在额定工作能力的 80%以上(100%额定工作能力以下)时，工作中不要在设定的最高压力(即最高扭矩)位置停留，一冲即退，如此使用次数不要超过 3 次。3 次过后如仍无法满足工作需要，请采用其他方法。

(5) 为保证每一条螺栓所承受的力矩一致，正确的螺栓拧紧工艺方法(采用传统对角方法)应该分为 4 次：第 1 次拧紧最终需要力矩的 50%，第 2 次需要力矩的 70%～80%，第 3 次需要力矩的 100%，最后以 100%力矩沿圆周通紧一次。除单条螺栓或不要求螺栓组拧紧均匀的情况，均应照此处理以保证施工质量。

(6) 在拧紧或拆松螺母时，请务必注意保证扳手的棘轮棘爪完全复位后再进行下一次工作，若在棘轮棘爪不能完全复位的情况下进行下一轮进给，极有可能造成棘轮副不可逆的损坏(郑重声明：这种损坏不属于保修范围，若修复需付出很高的代价)。其完全复位的时间需要 1.5～2 s(电动泵、气动泵大约需要 5 s 或稍多一些时间)。2004 年以来 ENERPAC 的 PMU 系列电动扳手泵已在电气部分加装了延时机构。

(7) 若选用的是 ZU4xxxTx 系列电动扳手泵，请务必注意其“Automode”功能(自动操作功能，LCD 上 AUTOMODEON)，这是一项超前的设计(因油泵的进程与回程之间的交换没有延时，就目前各品牌的液压扳手来说，只在理论上可行)，在某些特定情况下(不推荐使用！)须在泵的额定能力的 40%以下(小于或等于 300 bar)使用，否则将对扳手造成不可逆的损坏(这种损坏不属于保修范围，修复代价甚高)。即使拧紧螺栓的最终力矩小于或等于 300 bar，也绝对不可使用自动操作功能，因为此功能不能保证螺栓最终真正拧紧。自动操作目前仅仅作为在螺栓预紧时提高工作效率的一种辅助手段，绝不是常规手段。需要提示的是：

试验证明这种使用方法不能保证拧紧力矩的一致！

(8) ZU4xxxTx 系列电动扳手泵在 LCD 上设置预选压力，只在自动操作功能设置情况下有效，手动状态（LCD 上 AUTOMODEOFF 和 LOCALOFF）的压力设定应在外置溢流阀（或称调压阀）处调定，敬请注意。

(9) 重要提示：当使用 ZU4xxxTx 系列电动扳手泵时，请注意尽量不使用小型移动式发电机供电，因此类电机的功率小，发电频率时常不稳，加负载后的电压降较大，极易造成负载电流加大，且欧美日在工作机的轴功率与驱动机功率的配用习惯上仅为 1∶1.05∶1.1，正常情况下尚且嫌剩余功率太低（与我国习惯相比），极易烧毁主保险管（2.5 A），从而影响工作，甚至烧毁电机（注意：此时绝不可换用更大的保险管，以免对泵的控制主板、CPU 造成伤害）；此外，当出现电压降较大现象时，虽然 LCD 上会提示低电压警告，但此时 LCD 上的所有显示可能均不可靠，无法指导您的工作。如因条件限制，必须使用小型发电机供电，请至少加装稳压器，并经常检测发电机的发电频率，且尽量降低单位时间内的使用频率。主保险管（2.5 A）在以上情况下的损坏理论上不属于保修范畴。

(10) 若选用的是气动扳手泵，请注意压缩空气源的压力及流量能与泵适配。

(11) 设定扭矩时，请在扳手空载状态下进行，不可带载荷调压。

(12) 在使用液压扳手时，务必注意不要使油管盘成一盘，应使油管尽量伸开（大漫湾状），并注意不管是否在工作状态，油管均不应对扳手的接头部位产生压力！此外，当需要移动扳手时，请不要握持油管接头部位，而应握持扳手体！

(13) 请不要使用过于松动（间隙过大）的套筒；加长的套筒会使扭矩达不到预期值；反作用力臂的支撑点必须选择在螺母的同一平面上。

(14) 在拧紧螺母时，事先设定好所需的拧紧扭矩后，无需观察液压泵上的压力表，只需观察螺母的旋转状态，当螺母旋转一个角度停止后，应停止进给，确认棘轮棘爪复位后再进行下一工作循环。若再次进给发现螺母不动且泵上压力表迅速接近或达到设定压力时，应停止进给，确认棘轮棘爪复位后再进给，如此反复 2～3 次，确认螺母不再旋转，即表明螺母紧力已达到设定扭矩，可终止工作。

(15) 据经验，螺母的拆卸力矩至少应为拧紧力矩的 1.5～2.5 倍，故在拆松螺母时，扭矩压力不得超过 700 bar（70 MPa）以免出现意外。如在此扭矩设定下 3 次进给冲到最高值仍不能松开螺母，务必请改用其他方法。若事先不了解螺母的拧紧扭矩，则在拆卸时务必请观察扭矩表（压力表），为回装螺母提供参数。

(16) 拆卸螺栓的扭矩设定确需超过 700 bar（70 MPa，某些扳手的能力峰值可在瞬间承受 80 MPa，请参考扳手附带说明书，但有些泵的最高压力输出仅能达到 70 MPa），请使用者密切观察压力表读数，扭矩一到最高值即卸压，千万不可在最高压位停留！

(17) 搬移扳手时请注意安全，防止扳手损坏。

(18) 建议参数：请参考供应商提供的螺栓、螺母材料对应拧紧扭矩对照表。

(19) 螺栓、螺母的具体拧紧参数首先应以设计和实际中的使用要求为准，随扳手提供的对照表仅供常规情况下的参考。

(20) 每使用 1 个月，将黄色外壳拆开，取下电动机周围的泡沫塑料（为不使碳刷上脱落的碳粉飞扬及降噪所设），拆除电刷，以压缩空气吹扫电机的各外露孔至没有明显被吹出粉

尘为止，吹扫拆除外壳前被隐蔽的部位，吹扫拆下的泡沫塑料及黄色外壳，回装所有被拆下的物体。最后试车。

表 6-1　s6000 压力与力矩对照表

液压压力/bar	力矩/N·m	液压压力/bar	力矩/N·m
69	814	386	4561
83	977	400	4724
97	1140	414	4886
110	1303	428	5049
124	1466	441	5212
138	1629	455	5375
152	1792	469	5538
166	1955	483	5701
179	2117	497	5864
193	2280	510	6027
207	2443	524	6189
221	2606	538	6352
234	2769	552	6515
248	2932	566	6678
262	3095	579	6841
276	3258	593	7004
290	342x	607	7167
303	3583	621	7330
317	3746	634	7492
331	3909	648	7655
345	4072	662	7818
359	4235	676	7981
372	4398	690	8144

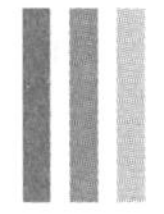

第二节　力矩倍增器使用说明书

力矩倍增器是利用齿轮组合减速后，所传递的力矩同比例放大的原理，可使输出扭矩增大数十倍，从而只需轻松地摇动摇杆便可拆装具有很大力矩值的螺母。

本产品的传速比为 1∶9.8，最大安全输出力矩为 3138 N·m。

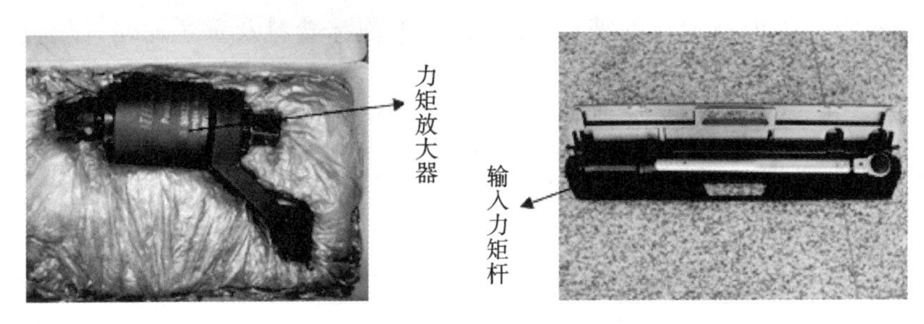

图 6-10　力矩倍增器

1. 使用说明

(1) 按照力矩对照表,在输入力矩杆上设定好输入力矩,以满足您要的输出力矩。

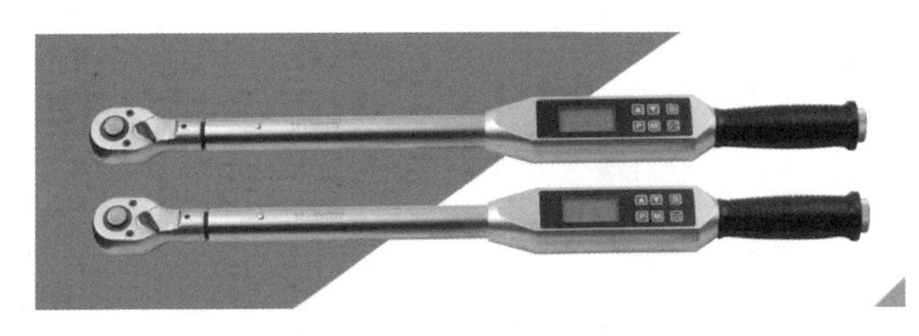

图 6-11　力矩扳手

(2) 在力矩放大器的上表面刻有 L—O—R 字样,分别指:L 表示扭矩方向向左,R 表示扭矩方向向右,O 表示输出力矩值。在使用过程中一定要注意将扭矩方向指针打到正确的位置。使用完后,必须将指针打到 O 位置,以此保护力矩放大器。

(3) 将输入力矩杆安装到力矩放大器上,先用您需要的套筒进行螺栓的紧固或拆卸。在力矩杆上刻有 L—R 字样,它的含意与放大器上的 L—O—R 相同。在使用时,力矩杆上的力矩方向打到的位置必须与放大器上力矩方向打到的位置相同。在力矩放大器上还有一个撑脚,在使用时必须将撑脚放置在相邻螺栓上。由相邻螺栓给其一个阻力,力矩放大器克服阻力产生扭矩,达到紧固或拆卸螺栓的目的。当螺栓坚固或拆完后,不能使用强力将套筒取出,必须将放大器上力矩方向指针打到 O 位置,随即放大器会自动回力,从而能轻松地将套筒取出。

(4) 力矩放大器输入端有一个高强度销钉,它将力矩输入端与力矩放大器连接起来,使输入端与放大器相对静止。由于它需要受力,所以在使用前必须对其进行检查,如有裂纹需即时更换。

(5) 在使用过程中,用手握住力矩输出端与套筒连接处,以防止在使用过程中因撑脚卡位脱落飞出。手握方向与撑脚阻力方向相反,以防止撑脚飞出后伤手。

(6) 使用完成后,将力矩放大器放到专用盒里,并将力矩方向指针打到 O 位置。将输入力矩杆的值调到零,放入专用盒中。

2. 注意事项

(1) 使用前检查销钉是否有裂纹或断裂。

(2) 在使用过程中,一定保持输入杆、力矩放大器、螺栓平面三者之间的平行。

(3) 在使用过程中，用手按住输出端套筒部分。

(4) 使用完成后，清洁力矩放大器和力矩输入杆，并将一切值清零，放置于专用盒内。

表 6-2 力矩对照表

输入	55	62	70	82	101	112	123	134
输出	539	608	686	804	991	1098	1206	1314
输入	145	156	167	178	189	200	210	220
输出	1422	1530	1638	1746	1845	1961	2059	2158
输入	230	240	250	260	270	280	290	300
输出	2256	2354	2452	2550	2648	2746	2844	2942
输入	310	输出	3040	输入	320	输出	3138	

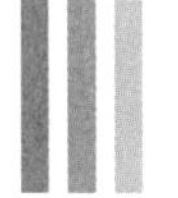

第三节 世达(SATA)扭力扳手

世达(SATA)12.5 MM 系列专业级可调式扭力扳手是美国制造的专业级、精度较高的力矩扳手。其参数如下所示。

编号:96313;

扭力范围:40～340 N·m;

驱动头:1/2″;

长度:522 mm。

现在就此产品的使用进行说明。

此扭力扳手是可调节的，调节范围为 40～340 N·m，当扳手的拧紧力矩达到设定力矩值时，激发出“咔嗒”声响信号。

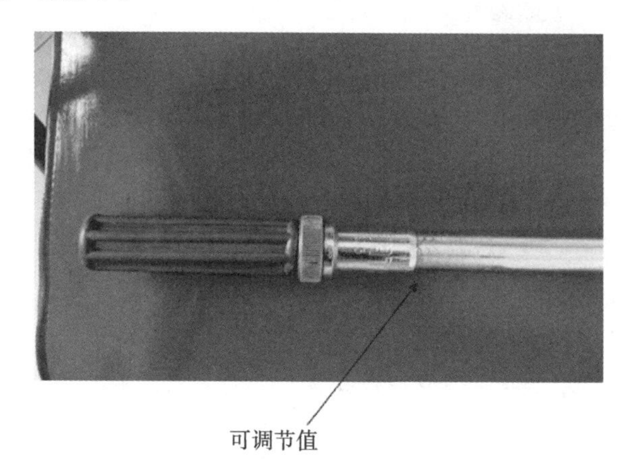

图 6-12 扭力扳手

调节的方法:首先将锁定环打开(顺时针旋转)，左手握住扭力扳手头(便于调节)，右手握住调节把手(调节把手旋转一圈为 20 N·m,每个刻度为 2 N·m),顺时针为增加力矩值,逆时针为减小力矩值。主杆上的力矩值为 40～340 N·m,每个刻度间相差 20 N·m。将力矩值调节好之后,缩紧锁定环(逆时针旋转)。

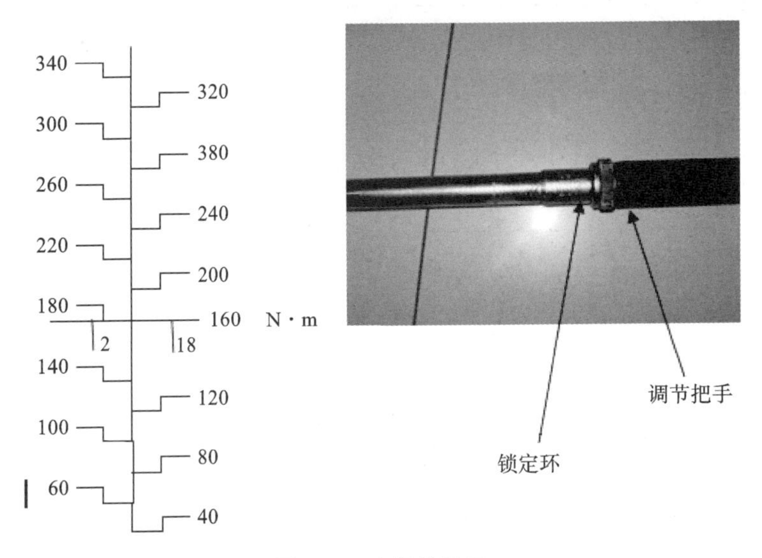

图 6-13　力矩值显示

力矩扳手头具有两用性,即可以顺时针旋转也可以逆时针旋转。调节上面的调节轮便可以实现换向旋转。

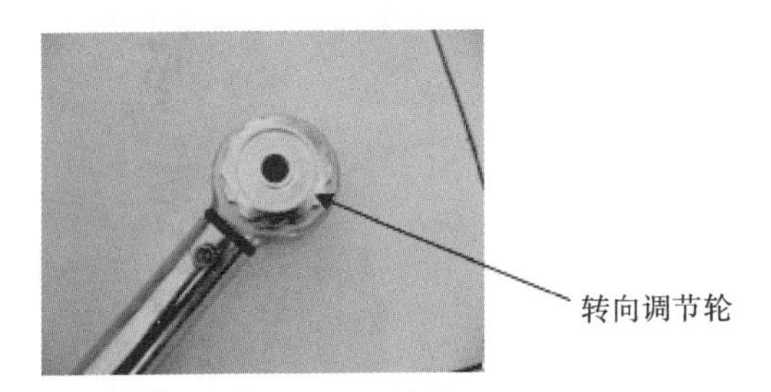

图 6-14　扳手调向

使用完成后要将力矩值调节到最低,将锁定轮锁定。

使用注意事项:

(1) 切误使用力矩扳手敲击物体。

(2) 使用时要保持扳手水平。

(3) 在使用过程中一定要将锁定环缩紧。

(4) 所紧固的力矩必须在此力矩扳手的力矩范围内。

(5) 使用结束后擦拭干净,保持清洁。

(6) 使用中请勿强烈冲击。

(7) 扳手报警后请勿继续施力。

(8) 绝对不能当榔头使用,进行敲击工作。

(9) 请勿自行拆卸扳手内各部件,以免破坏精度影响使用。

（10）预杆式扭矩扳手使用完后，应把扭矩值调至零位放置，以保持扳手精度，延长使用寿命。

第四节　兆欧表使用说明

绝缘电阻表又称兆欧表或摇表，用于测量各种电机、电缆、变压器、电器元器件、家用电器和其他电器设备的绝缘电阻值。

1. 安全上的警告

（1）本操作使用说明包含了警告讯息及安全规定，当使用本机时请务必遵守，以确保使用者的操作安全及仪器安全，因此在使用本机前请仔细地阅读本说明。

（2）绝缘测试是用来测试已断电的电路（死线）或装置，请不要在有电的情况下（活线）做测试。

（3）在每次测试时请切记待测电路或装置必须是不带电的，请确认您可以清楚地看到待测电路或装置已与电力系统切离，在做绝缘测试前，在尚未确认是否带电时请勿做任何测试。

（4）如果不知道如何开始特高阻测试（高压），请先与待测设备的制造商讨论，有些设备装置了高灵敏度的电子元件，可能在直流高电压下造成损坏，原制造商可事先对此提出警告以避免此种损坏。

（5）本测试器能产生 10 kV 的直流高电压，在测试时请不要接触测试导线或被测设备。请不要尝试用本机器去刺激或惊吓别人。潮湿的环境、流水的水笼都有可能造成触电而导致心脏停跳。

（6）请时常注意您的仪器，测试导线以及其他附件是否有损坏的痕迹或变形，如果有任何异常发生（如导线破损、机壳裂缝等），则不要进行任何测试。

（7）在做测试的过程中请注意不要让自己成为接地的通路，不要接触外露的金属管、出水口、固定物等，它们可能会让您成为接地电位。另外请将您的身体与大地隔绝，如使用干布、绝缘鞋、绝缘毯或其他保证绝缘的物质。

（8）为避免触电事故，在工作电压高于 40 V DC 或 20 V AC 时请使用警告标志。

（9）为避免触电事故，在测试中请勿触摸任何裸露的线或电路接点或被测物，即使已完成测试，在尚未确认放电安全前，也请勿触摸，是否已放电完成可由数位的电压读值确认。

（10）请勿在易爆的大气中使用本机。

（11）请不要尝试自行校正或维修本机，除非有经过训练的人员在场指导，或直接交由具有资格或受过训练的工程师处理。

（12）请不要安装化学用品或对本机做任何非原厂同意的修改，将本机交由经销商或原厂维修中心维修以确保其安全特性。

2. 使用说明

（1）绝缘电阻表应远离磁场，安放在水平位置。

(2) 依顺时针方向转动手柄，使速度逐渐增至每分钟 120 转左右。在转速器发生滑动后，即可得到稳定的电阻值。

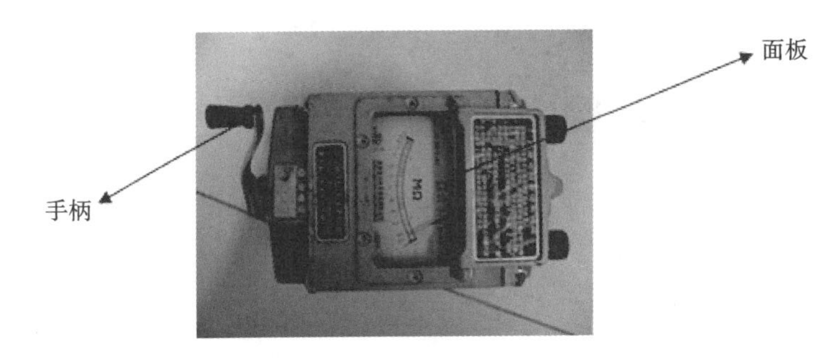

图 6-15　摇表

(3) 绝缘测定：将被测的两端分别连于“线路”及“接地”两接线柱上。

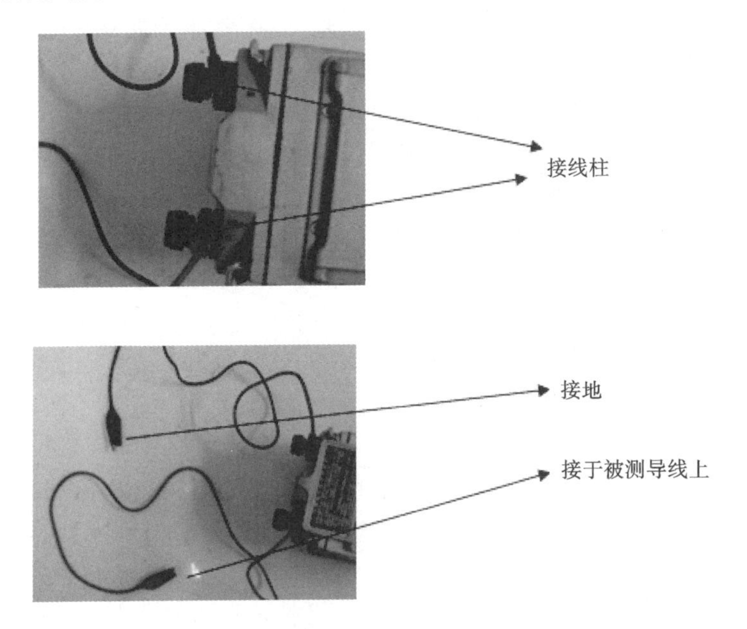

图 6-16　摇表接线

(4) 通地测定：被测端及良好的地线依次接于“线路”及“接地”两接线柱上。

(5) 在测定特高电阻时，保护环应接于被测两端之间最内层的绝缘层上，以消除因漏电引起的读数误差。

(6) 在测定时应做好安全防护工作，在测试时手不可以接触任何一个接线端子的回路上，最好做好绝缘防卫工作。

3. 使用注意事项

(1) 使用前先将兆欧表进行一次开路和短路试验，检查兆欧表是否正常。具体操作为：将两连接线短路，慢慢摇动手柄指针使之指在零处，再把两连接线断开，快速摇动手柄指针使之指在无穷大处。

(2) 每测量完一次一定要将被测设备充分放电(需 2～3 min)，以保护设备及人身安全。

(3) 兆欧表与被测设备之间应使用单股线分开单独连接，并保持线路表面清洁干燥，避免因线与线之间绝缘不良引起误差。

(4) 遥测电容器、电缆时，必须在摇把转动的情况下才能将接线拆开，否则反充电将会损坏兆欧表。

(5) 摇动手柄时，应由慢渐快，均匀加速到 120 r/min，并注意防止触电。摇动过程中，当出现指针已指零时，就不能继续摇动，以防兆欧表损坏。

(6) 应视被测设备电压等级的不同选用合适的绝缘电阻测试仪。一般额定电压在 500 V以下的设备，选用 500 V 或1000 V的兆欧表；额定电压在 500 V 及以上的设备，选用 1000～2500 V 的兆欧表。量程范围的选用一般注意不要使其测量范围过多地超过所测设备的绝缘电阻值，以免使读数产生较大的误差。

(7) 禁止在雷雨天气或附近有带高压导体的设备处使用兆欧表。

第五节　FLUKE 15B 型万用表使用说明书

一、表笔端子功能叙述

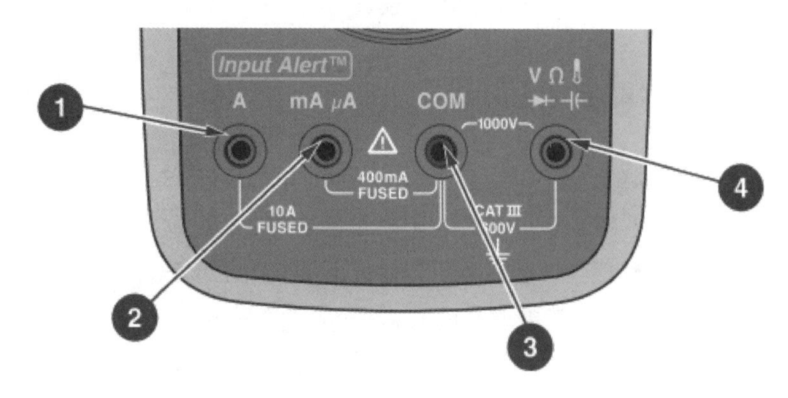

图 6-17　万用表笔插口

(1) 适用于 1～10 A 的交流和直流电流测量的输入端子。

(2) 适用于 0～400 mA 的交流和直流电微安或毫安测量的输入端子。

(3) 适用于所有测试的公共端子。

(4) 适用于电压、电阻、通断性、二极管、电容测量的输入端子。

二、显示屏功能说明

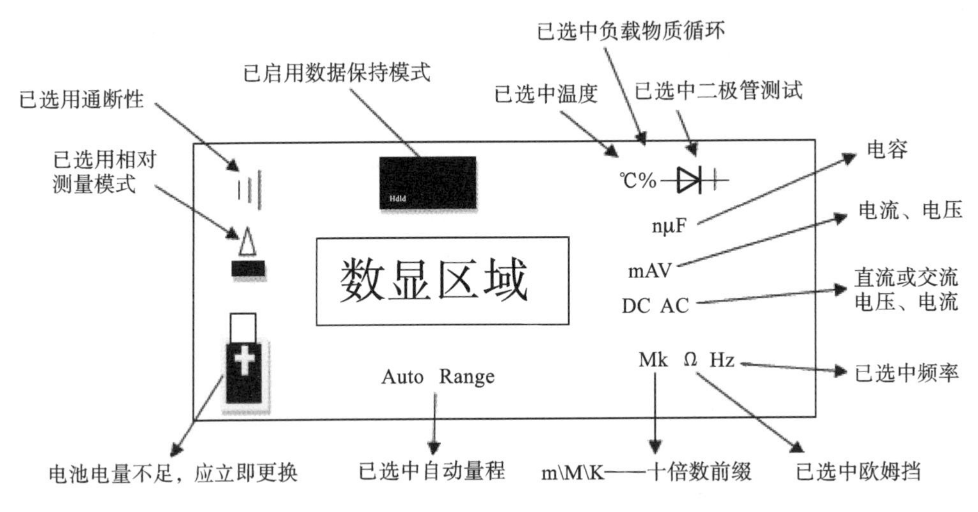

图 6-18 万用表显示屏功能说明

电表有手动及自动量程两个选择。在自动量程模式内，电表会为检测到的输入选择最佳量程。当电表在自动量程模式时，会显示 Auto Range。手动量程操作如下：

(1) 每按一次 Range 键，会递增一个量程。当达到最高量程时，电表会回到最低量程。

(2) 要退出手动量程模式，按住 Range 2 s。

Hold 键的使用：当按下时，表示保存当前读数；再按一下表示回复正常操作。

三、测量交流和直流电压

若要最大限度地减少包含交流和直流电压元件的未知电压产生不正确读数，首先要选择电表上的交流电压功能，特别要记下产生正确测量结果所需的交流电量程。然后，手动选择直流电功能，其直流电量程应等于或高于先前记下的交流电量程。

(1) 转动旋转开关，选择交流电或直流电。

(2) 将红色表笔插入写有 V 字样的端子中，将黑色表笔插入 COM 端子中。

(3) 将表笔正确接触到想要的电路测试点，测量其电压。

四、测量交流或直流电流

方法与交流或直流电压的测量方法相同，不同的是将红色表笔插入 A、mA 或 μA 端子孔中，以选择所要的量程。转动旋转开关选择交流直流。测量过程中断开待测的电路。

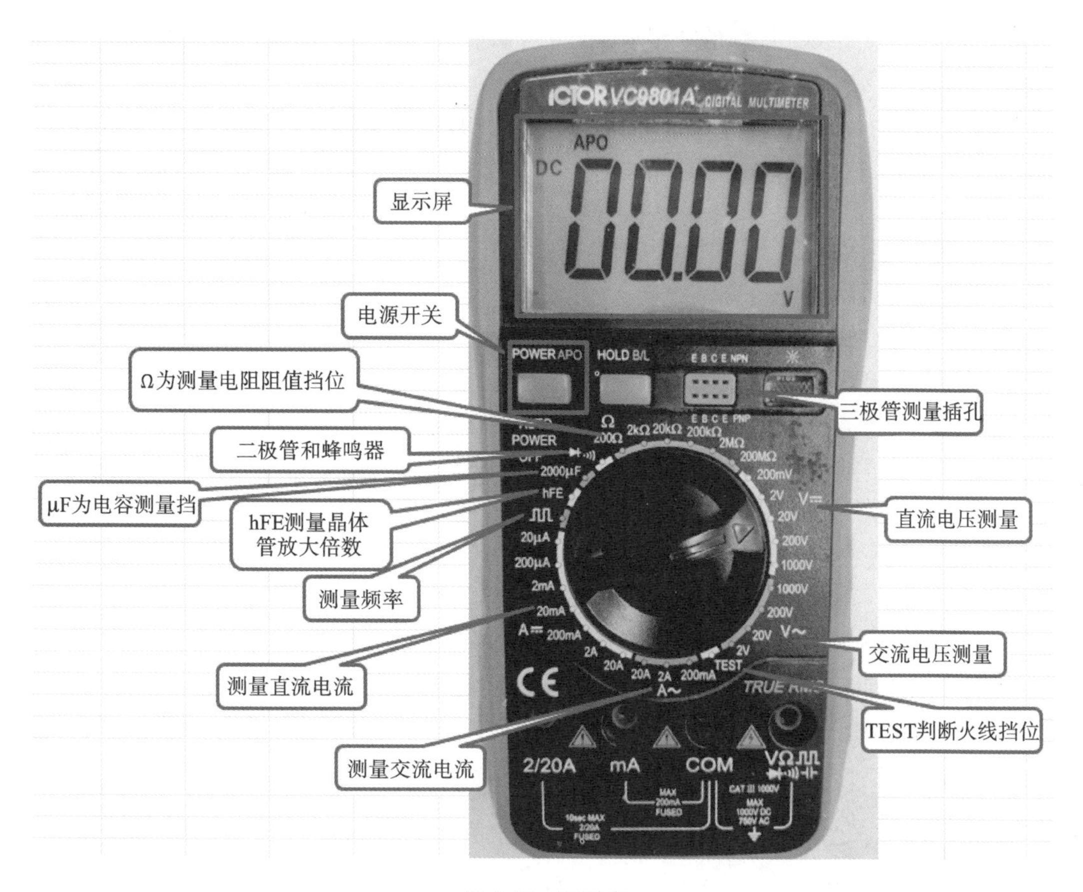

图 6-19　万用表

五、测量电阻及通断性

在测量电阻或电路的通断性时，为避免受到电击或造成电表的损坏，请确保电路的电源已关闭，并将所有电容器放电。

(1) 将旋转开关打到欧姆挡。

(2) 将红色表笔插到测试电压的红色表笔端子孔中。

(3) 将指针接触到想要的电路测试点，测量电阻。

(4) 通断性的判断：当选中了电阻模式，按两次黄色按钮可启动通断性蜂鸣器。若电阻不超过 50 Ω，蜂鸣器会发出连续音，则表示短路。若电表读数为 0，则表示开路。

六、测量二极管

当测量二极管时，同样必须将电源关闭，使电容器放电。

(1) 表笔的位置与测量电阻时的相同。

(2) 打到电阻挡后，按黄色功能按钮一次，启动二极管测试。

(3) 将红色表笔接到待测的二极管的阳极，而黑色表笔接到阴极。阅读显示屏上的正向偏压值。

(4) 若测试导线的电极与二极管的电极反接，则显示屏读数为0。这可以用来区分二极管的阳极和阴极。

七、测量电容

断开电源，将所有高压电容器放电。

(1) 表笔接法与电压接线相同。

(2) 将旋转开关打到电容测量处。

(3) 将表笔接到电容器导线上，此时显示屏会出现数字。等到数字稳定后，读取数据。

八、万用表的维护

(1) 用潮布和少许清洁剂定期擦拭外壳(勿使用磨料或溶剂)。

(2) 当端子弄脏或受潮时，清理端子：关闭电表并且断开测试笔；把端子内可能的灰尘摇掉；取一个新棉棒沾上酒精，清洁每个输入端子内部；用一个新棉棒在每个端子内涂上薄薄一层精密机油。

九、注意事项

(1) 在使用电表前，请检查机壳。切勿使用机壳损坏的电表。查看是否有裂纹或缺少塑胶件。请特别注意接头的绝缘层。

(2) 检查测试导线绝缘是否损坏或有裸露的金属。检查测试导线的通断性。若导线有损坏，则把它更换后再使用电表。

(3) 用电表测量已知的电压，确定电表操作正常。若电表工作异常，请勿使用，保护设施可能已遭到损坏。若有疑问，则应把电表送去维修。

(4) 切勿在任何端子和地线间施加超出电表上标明的额定电压。

(5) 在超出30 V交流电均值、42 V交流电峰值中60 V直流电时使用电表，请特别注意。该类电压会有电击的危险。

(6) 测量时，必须选用正确的端子、功能和量程挡。

(7) 切勿在爆炸性的气体、蒸气或灰尘环境附近使用电表。

(8) 使用测试探针时，手指应保持在保护装置的后面。

(9) 进行连接时，先连接公共测试导线，再连接带电的测试导线；切断连接时，先断开带电的测试导线，再断开公共测试导线。

(10) 测试电阻、通断性、二极管或电容以前，必须先断电源，并将所有的高压电容器放电。

(11) 对于所有的直流电功能,包括手动或自动量程,为避免由于可能的不正确读数而导致电击的危险,请先使用交流电功能来确认是否有任何交流电压存在。然后,选择一个等于或大于交流电量程的直流电压量程。

(12) 测量电流前,应先检查电表的保险丝。

(13) 取下机壳。

(14) 电池指示灯亮时,立即更换电池。当电池电量不足时,电表可能会产生错误读数,避免电击及人员伤害。

(15) 打开机壳或电池门以前,必须先把测试导线从电表上拆下。

(16) 不要测量第Ⅱ类 600 V 以上或Ⅲ类 300 V 以上的电压。

(17) 维修电表时,必须找工厂指定维修工人。

第六节　偏航余压表作业指导书

1. 准备工作

所需要的工具清单如下表所示。

表 6-3　工具清单

项　目	名　　称	规　　格	数　量	用　　途
工具	偏航余压表		1	测量偏航余压
	手电筒		1	照明
工时	2 人×0.5 小时			

2. 操作工序

(1) 将偏航刹车片和偏航余压表堵头上的盖帽取掉。

(2) 将偏航余压表旋紧到偏航刹车片的堵头上。

(3) 旋紧后通知另一工作人员进行偏航操作,此时可以从余压表上读出偏航余压数据。

3. 注意事项

(1) 在测试完成后一定要将堵头上的盖帽恢复,防止有灰尘或脏物将油管堵住。

(2) 偏航余压测试时要远离刹车盘。

第七节　齿形带张紧仪使用指导书

1. 准备工作

使用工具及物品见下表。

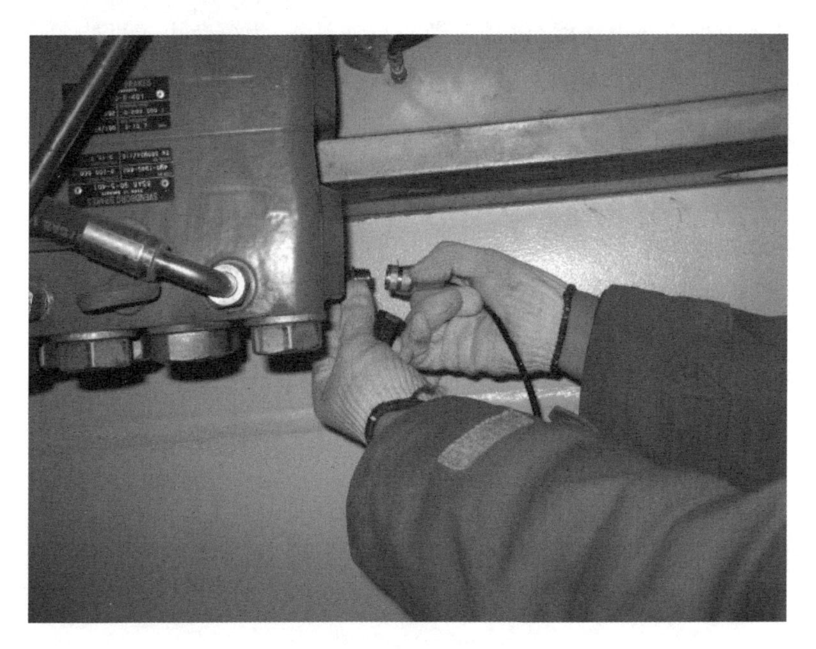

图 6-20　偏航余压测试

表 6-4　使用工具及物品

项　目	名　　称	规　　格	数　量	用　　途
工具	TRUMMETER 红外皮带张紧仪		1	检测张紧度
	橡胶锤		1	作为测试的敲击物使用，可用其他适合物品代替

工作人员及其职责见下表。

表 6-5　工作人员及其职责

作 业 项 目	工时/h	数量/人	职　　责
涨紧度测试	0.5	1	负责使用 TRUMMETER 红外皮带张紧仪测试张紧度

2. 操作工序

TRUMMETER 红外皮带张紧仪外形组件、仪表按键如图 6-21 所示。

(1) 轻按 on/off 键开机，进入测量模式。

(2) 轻按 L 键由测量模式进入皮带长度设置模式，设置皮带长度(对于兆瓦机变浆系统即为齿形带与齿形轮、张紧轮两切点之间皮带长度)。短按向上箭头，百分位数值增加，短按向下箭头，百分位数值减小。长按向上箭头，十分位数值等间隙持续增加，长按向下箭头，十分位数值等间隙持续减小。现场实际设置值为 0.350 m，数值设置完成后按回车键返回测量模式。

(3) 轻按 kg/m 键进入质量设置模式，输入皮带单位长度质量，数值设置方法与皮带长度数值设置方法相同。1.5 兆瓦机组单根齿形带长度为 5430 mm，单根质量为 12.5 kg，则

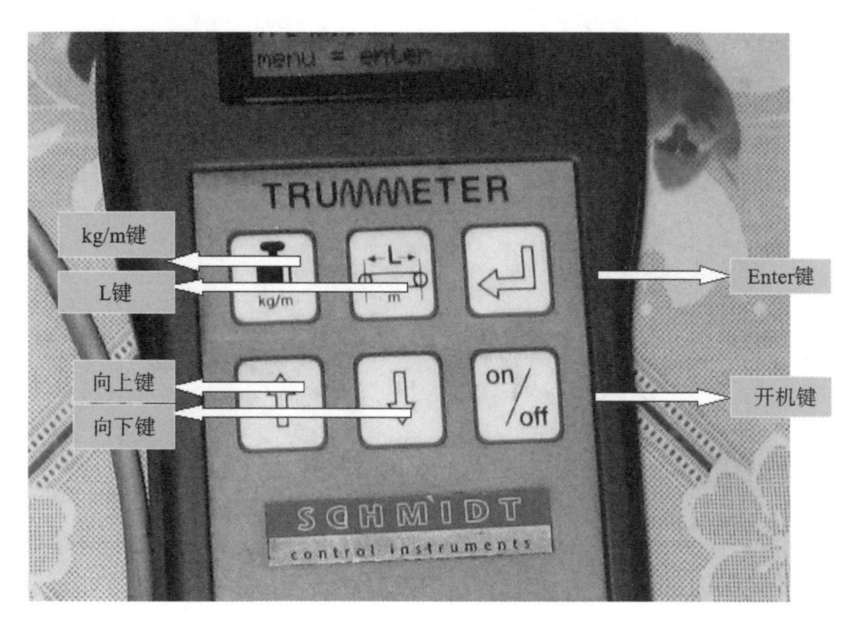

图 6-21　仪表按键

在"kg/m"模式下应设置齿形带单位长度质量为 2.302 kg/m；数值设置完成后按回车键返回测量模式。

(4) 测量模式下直接按回车键进入显示模式，在"Display Hz/N"时按回车键进入单位选择模式，使用向上或向下键选择单位为 Hz。设置完成后按回车键返回命令行。

(5) 显示"Display Hz/N"时按一次向下键进入"Language selection"，按回车键进入语言选择模式，同样使用上下键进行语言选择，选择"english"，完成后按回车键返回"Language selection"(语言选择)显示。

(6) 显示"Language selection"时按一次向下键进入"Sensitivity"，按回车键进行单位制(SI 为国际制，US 为美国制)选择，选择方法同上，选择 SI。完成后按回车键返回"Sensitivity"。

(7) 显示"Sensitivity"时按一次向下键进入"Exit menu"，按回车键即退出显示模式进入测量模式。

(8) 每个齿形带的左右两侧均需要测量，准备好测试仪和橡皮锤(或者现场使用活动扳手、开口扳手代替)，测头应在齿形轮与张紧轮间齿形带长度的中间位置，距离齿形光滑面外侧 3～20 mm，轻击测头所在位置齿形带的齿形面，当仪器发出提示音后停止敲击并读出频率数值，选择不同位置测量三次，做好记录。

(9) 完成另一侧的测量，做好记录，测试完成。

3. 注意事项

· 为便于信号接收头可以接收到回光信号，在测量时应保持红外发射头与信号接收头的两点连线与齿形带光滑面的夹角为 20°～30°(适用于带软线测头)。

· 同一根皮带上几次测量值可能相差±10%。在大部分情况下，测量值的偏差是由皮带系统的机械公差引起的。

图 6-22　张紧度测量

· 如果仪器正常并仔细操作，但没有显示值，这可能由以下两点原因造成：

(1) 该仪器的最小测量值为 10 Hz，而皮带的振荡频率低于测量最小值，超出测量范围。措施：充足张紧皮带。

(2) 若皮带张紧充足，则可能是由于来自皮带的光波反射不足引起的。

第八节　其他工具使用说明

一、带刃剥线钳

使用方法如下：

(1) 剥线长度可以自由调整。

(2) 根据线缆的粗细型号，选择相应的剥线刀口。

(3) 将准备好的电缆放在剥线工具的刀刃中间，选择好要剥线的长度。

(4) 握住剥线工具手柄，夹住电缆，缓缓用力使电缆外表皮慢慢剥落。

(5) 松开手柄，取出电缆。

特点如下：

(1) 精密剥线孔，可轻易剥离电线护套而不伤电线内芯。

(2) 卡簧片设计方便存放，塑柄使用轻松。

(3) 整体采用高碳钢制造，不变形。

注意事项：操作时请戴上护目眼镜；为了不伤及人和物，请确认断片飞溅方向再进行切断，切勿关紧刀刃尖端；放置在儿童无法拿到的安全场所。

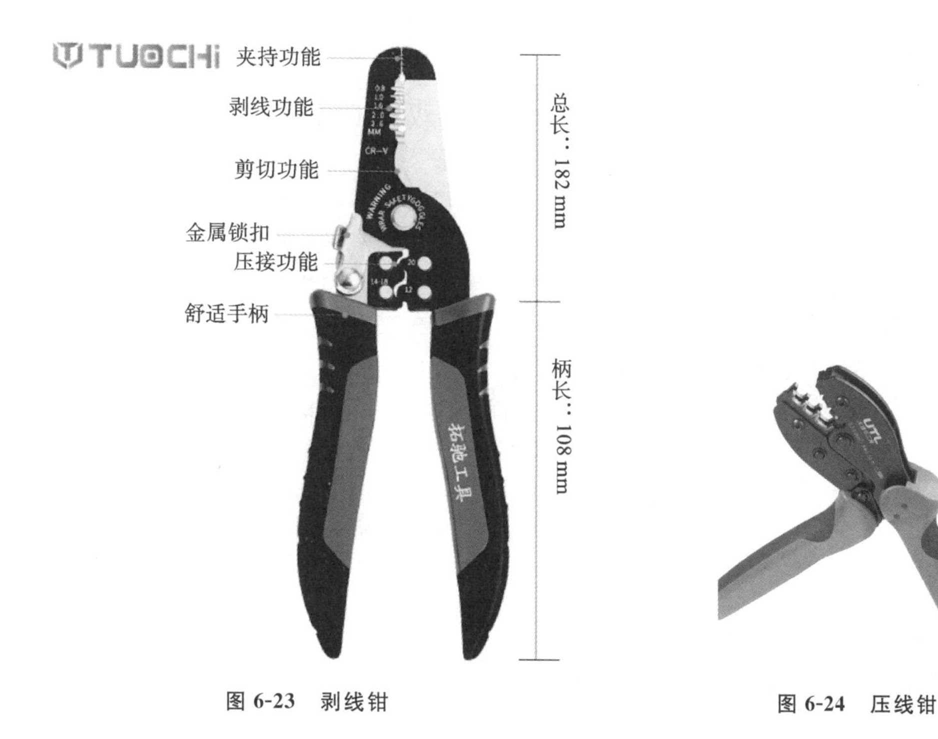

图 6-23　剥线钳

图 6-24　压线钳

二、压线钳

使用方法如下：

(1) 先将需要压线的线序整理好，然后开始逐一压接线。

(2) 压线时必须保证压线钳的方向正确：有刀刃的一边必须在线端方向，正确压接时，刀口会将多余线芯剪断。

(3) 压线钳必须保持垂直，用力突然向下压，听到“咔嚓”声，即线缆已经压接好。

注意事项：

(1) 在压线时必须快速压下，否则可能出现半接触状态。

(2) 如果压线钳不垂直，很容易损坏压线口的塑料芽，而且不容易将线压接好。

特点如下：

(1) 高精密端子压着孔，适度压紧端子于电线上不损坏端子。

(2) 高碳钢板制造，不变形弯曲，玻璃纤维塑料手柄。

(3) 压力调整钮设计，方便各种端子使用。

三、世达 09105 9 件套公制球形内六角扳手

该产品为 L 型内六角带球形扳手，它可以在狭小空间角度使用。

使用方法：

先用球型头的一边手锁到位，再用平头一边扳手 10°，如锁加有弹簧垫片的螺丝时，手锁

到位之后，扳手 90°锁紧即可。

四、世达 09029　13 件套公制全抛光双开口扳手

图 6-25　内六方

（1）根据螺母的大小，选择扳手大小。

（2）在使用时，可以在狭小的空间内调整扳手的位置，使其更加容易将螺母拆卸或紧固。

（3）使用时一定要保持扳手处于水平，且扳手卡住螺帽的厚度，以防止在发力过程走滑伤人。

当使用棘轮扳手不能拆卸或紧固，需要更大力矩时，可以将转向接杆与三用接头合用。

当遇到空间狭小，无法将棘轮扳手放置适当位置时，可以使用万向接头改变扭矩的方向，再进行拆卸或紧固。

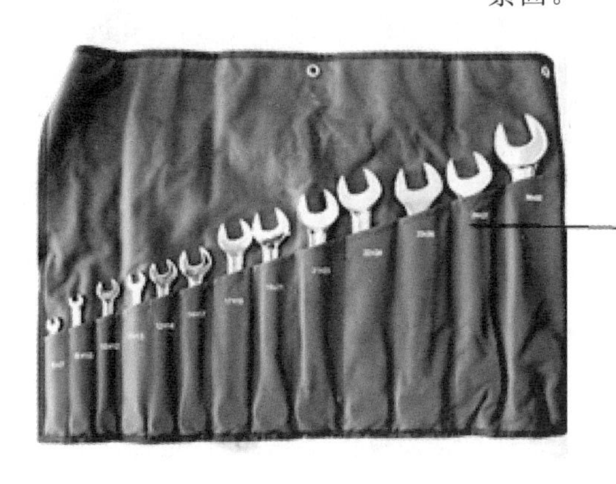

包含13件套公制双开口扳手：

6 mm×7 mm　8 mm×10 mm　10 mm×12 mm
11 mm×13 mm　12 mm×14 mm　14 mm×17 mm
17 mm×19 mm　19 mm×21 mm　21 mm×23 mm
22 mm×24 mm　23 mm×26 mm　24 mm×27 mm
30 mm×32 mm

图 6-26　开口扳手

五、电钻

电钻是一种在金属、塑料及类似材料上钻孔的工具，是电动工具中较早开发的产品。电钻的品种多、规格齐、产量大，是使用最广泛的电动工具。电钻携带方便、操作简单、使用灵活，适用于金属及非金属构件上钻孔加工。因受空间、场地限制，加工件形状或部位不能用钻床等设备加工时，一般多用各种电钻进行钻孔。适当地变换电钻的齿轮传动机构或增加一些简单的附件就成为双速电钻、角向电钻、软轴电钻、台架电钻等，以适应不同作业场所的钻孔要求。

图 6-27　电动工具

使用方法如下：

使用电钻钻孔时，不同的钻孔直径应该尽可能选用相应规格的电钻，以充分发挥各种规格电钻的钻削性能及结构特点，达到良好的切削效率。避免用小规格电钻钻大孔而造成灼伤钻头和电钻过热，甚至烧毁钻头和电钻；用大规格电钻钻小孔而造成钻孔效率低，且增加劳动强度。

使用电钻时，钻头必须锋利。钻孔时，在电钻上不宜用力过猛，以免过载。钻孔中当转速突然下降时，应立即降低压力；当钻孔时突然制动，必须立即切断电源；当钻削的孔即将钻通时，施加的轴向压力应适当减小。

使用电钻时，轴承温升不能过高。在钻孔中轴承和齿轮运转声音应均匀而无撞击声。当发现轴承温升过高或齿轮、轴承有异常杂声时，应立即停钻检查。如果轴承、齿轮有损坏，则应立即换掉。

教学提示：

本章主要介绍风力发电机组维修过程中常用的工具，重点是万用表及张紧仪的使用。通过学习用万用表测量电压、电流的方法，学生应充分掌握电路中电压、电流的变化规律，增强学生对用电安全的认知。通过学习各种工具的使用，培养学生爱护劳动工具，尊重劳动成果，树立劳动意识、劳动光荣的观念。通过使用工具分组测试实践，践行知行合一，使学生处理好个人和集体的关系，培养学生团队协作精神。

参考文献

[1] 宫靖远.风电厂工程技术手册[M].北京:机械工业出版社,2004.
[2] 朱永强,张旭.风电场电气系统[M].北京:电子工业出版社,2010.
[3] 姚兴佳,宋俊.风力发电机组原理与应用[M].北京:机械工业出版社,2011.